有机农产品知识百科

有机食用菌生产与管理

中国绿色食品协会有机农业专业委员会　组织编写

U0320647

中国标准出版社

北京

图书在版编目（CIP）数据

有机食用菌生产与管理／中国绿色食品协会有机农业专业委员会组织编写.—北京：中国标准出版社，2022.12

ISBN 978-7-5066-9866-5

Ⅰ.①有… Ⅱ.①中… Ⅲ.①食用菌—蔬菜园艺 Ⅳ.①S646

中国版本图书馆 CIP 数据核字（2022）第 237693 号

中国标准出版社出版发行

北京市朝阳区和平里西街甲 2 号（100029）

北京市西城区三里河北街 16 号（100045）

网址：www.spc.net.cn

总编室：（010）68533533 发行中心：（010）51780238

读者服务部：（010）68523946

北京联兴盛业印刷股份有限公司印刷

各地新华书店经销

*

开本 880×1230 1/32 印张 7.75 字数 185 千字

2022 年 12 月第一版 2022 年 12 月第一次印刷

*

定价 39.00 元

编 委 会

主　　编　胡清秀

副 主 编　张　慧　邹亚杰　栾治华　刁品春

参编人员　（按姓氏笔画排序）

王二平　王鹏超　吕佳淑　杜　芳

李梦媛　张志成　张瑞颖　林园园

赵　骞　胡清秀　段　锦　高　杨

唐　韧　谢昭军　熊欣欣

主　　审　夏兆刚　王华飞

前　言

　　有机农业是一种能维护土壤、生态系统平衡和人类健康的生产体系,它遵从当地的生态节律、生物多样性和自然规律,而不依赖会带来不利影响的投入物质。有机农业是传统农业、新思维和科学技术的结合,它有利于保护我们所共享的生存环境,也有利于促进包括人类在内的自然界的公平与和谐共生。当前,在经济新常态的引领下,我国劳动力优势和独特自然气候条件为发展有机产品提供了多种可能,广大群众消费方式、消费理念的转变为发展有机产品提供了更大的空间,特别是农业的转方式、调结构也为发展有机农业带来了新的契机。在今后的一个时期内,中国的有机农业和有机农产品一定能够在现代农业生态文明建设和农产品质量安全工作中发挥更大的示范和带动作用。

　　综观我国有机农业二十多年来的发展,有机农业经过了从无序到有序、从自觉到全社会倡导、从民间行为到政府鼓励和引导的发展阶段。特别是我国有机产品国家标准和相关法律法规的颁布实施,以及对有机农业生产、认证、贸易的严格监管,使我国的有机农业开始进入规范化、法制化的轨道。我国认证的有机生产面积在不断扩大,国内外的贸易量逐年增长,实践证明,我国有机农业的发展,为消费者提供了优质、健康的农产品,减少了对农业生态环境的污染,给农民带来了良好的经济效益,已成为我国农业可持续发展的重要组成部分。

　　有机农业是相对独特的农业生产体系,生产过程必须坚持许多特殊的要求，因此在我国有机农业迅速发展的过程中还面临着众多的问题和挑战，其中包括技术力量薄弱、保障服务体系松散、产学研结合严重滞后的现状。目前建立起来的初步的技术体系远远满足不了发展的需要，在生产、加工、储藏等方面还需要很多技术的支持，需要用新的思维研究开发一大批适合有机农业生产的技术和方法。例如，研究建立有机种子生产规范和各类作物的生产规程；根据有机肥的特性、作物生长的需要和生长规律及土壤性质，合理施用有机肥并进行有机肥的无害化处理；适用于有机生产的植保产品的开发需不断研究突破等。有机农业的发展，如果仅依靠认证的力量是远远不够的。

农业系统拥有众多的农业生产、加工、科研、教育等方面的专家、学者，是有机农业发展的技术服务和保障来源，是解决有机农业生产关键技术难题的生力军。充分发挥专家、学者的作用和优势，为企业发展服务、为政府决策服务已是当务之急。据了解，欧美等发达国家和地区有许多有机农业研究机构或协会，例如瑞士有机农业研究所、国际有机农业研究协会、丹麦有机协会等。经过几十年的发展，这些组织在有机农业的作物品种选择、土壤培肥、病虫草害控制、农田生态环境建设等方面都建立了比较完善的学科体系，它们的实践和成功运作的经验值得借鉴。

在农业农村部的支持下，在中国绿色食品协会和中绿华夏有机产品认证中心等单位的指导下，我们开展了有机农业专业委员会的工作，力争利用农业系统的优势，形成强有力的技术支撑力量，积极开展学术交流，掌握国内外有机农业科研、生产、销售情况和信息，指导和帮助有机农业生产者解决生产中遇到的问题，为从事有机农业的科研单位、生产企业、经营企业等获得新技术、新工艺提供服务，推动我国有机农业的科学快速发展。

为了实现上述目标，在有机农业专业委员会的诸多工作中，策划编辑出版《有机农产品知识百科》丛书是一项很重要的任务。目前已编写出版了《有机稻米生产与管理》《有机茶生产与管理》《有机果品生产与管理》和《有机奶牛养殖及有机乳制品生产与管理》四个分册。在编写本书时，我们邀请了在食用菌领域既有实际生产经验又熟悉相关标准法规的专家、教授担纲起草，有机农业专业委员会负责综合协调并统稿审定。我们尽可能避免对专业术语和生产过程作冗长的描述，而是把重点切入一个个实际的问题，力求用通俗易懂的文字和深入浅出的表达方式，让读者能读懂有机食用菌生产与管理的基本要求。我们还计划根据实际生产和认证的需要，组织编写其他类别有机农产品的生产知识丛书，以满足不同生产者和读者的需求。

本丛书得到了中国农业科学院农业资源与农业区划研究所、中国绿色食品发展中心和中绿华夏有机产品认证中心等单位有关专家的大力支持，在此一并表示感谢！

衷心希望广大读者对本书的欠妥之处给予批评指正。

中国绿色食品协会有机农业专业委员会
2022 年 4 月

目 录 CONTENTS

第一章　有机食用菌概述

1. 什么是有机农业？

有机农业（organic agriculture）是指遵照特定的农业生产原则，在生产中不采用基因工程获得的生物及其产物，不使用化学合成的农药、化肥、生长调节剂、饲料添加剂等物质，遵循自然规律和生态学原理，协调种植业和养殖业的平衡，采用一系列可持续发展的农业技术以维持持续稳定的农业生产体系的一种农业生产方式。

有机农业生产技术包括选用抗性品种，建立包括豆科植物在内的作物轮作体系，利用秸秆还田、种植绿肥和施用动物粪肥等措施培肥土壤、保持养分循环，采取物理的和生物的替代措施防治病虫草害，采用合理的耕作措施，保护生态环境，防止水土流失，保持生产体系及周围环境的生物多样性等。

有机农业是传统农业、创新思维和科学技术的结合，它是既吸收了传统农业的精华，又运用了现代生物学、生态学以及农业科学原理和技术而开发的一种可持续发展的农业生产方式，核心是建立和维持农业生态系统的生物多样性和良性循环，保护生态环境，促进农业的可持续发展。

国际食品法典委员会（CAC）充分肯定了有机农业的作用，并认为有机农业能促进和加强农业生态系统的健康，包括生物多样性、生物循环和土壤生物活动的整体生产管理系统；有机农业生产管理系统基于明确和严格的生产标准，致力于实现具有社会、生态和经济持续性最佳化的农业生态系统；有机农业强调因地制宜，优先采用当地农业生产投入物，尽可能地使用农艺、生物和机械方法，避免使用合成肥料和农药。

国内外有机农业的实践表明，有机农业耕作系统比其他农业系统（如设施农业、灌溉农业、绿色农业）更具竞争力，有机农业生产体系在使不良影响达到最小的同时，可以向社会提供优质健康的农产品。有机农业在全球广泛发展，各国提法虽各不相同，比如欧美的"有机农业""生态农业""生物农业"等，但意思基本相同，并且随着有机农业运动的发展不断增加新的内涵。

2. 有机农业的基本原则是什么？

国际有机农业运动联盟（IFOAM）是全球最大、最权威的国际有机农业组织之一，由来自110多个国家的700多个有机生产、加工、贸易企业、认证机构、研究机构等组成。IFOAM 制定的《有机生产和加工基本标准》在世界范围内被广泛引用和认可。IFOAM 认为有机农业的发展需遵循四项原则：

第一，健康（health）原则。有机农业将土壤、植物、动物、人类和整个地球的健康作为一个不可分割的整体加以维持和加强。在生产、加工、销售和消费中关注从土壤中的微生物直到人类的整个生态系统和所有生物的健康，强调生产高质量和富有营养的食品，避免使用对健康产生不利影响的肥料、农药、兽药和食品添加剂等，为预防性的卫生保健和福利事业作出贡献。

第二，生态（ecology）原则。有机农业强调以生态平衡和循环利用为基础，在维持生产环境生态的同时满足营养和福利方面的需求。有机管理必须与当地的气候环境和生产条件、生态、文化和规模相适应，所有从事有机产品生产、加工、销售的组织及消费有机产品的人都应该为保护包括景观、气候、生境、生物多样性、大气和水在内的公共环境作出贡献。

第三，公平（fairness）原则。强调所有有机农业的参与者（包括生产者、加工者、分销者、贸易者和消费者）建立公平的关系，同时应根据动物的生理和自然习性来提供必要的生存条件和机会，以对社会和生态公正以及对人类子孙后代负责任的方式来利用自然和环境资源。

第四，关爱（care）原则。对生态系统和农业生产给予充分关注，以一种有预见性和负责任的态度来管理有机农业，以保护当前人类和子孙后代的健康和福利，同时保护环境；选择合适的技术和拒绝使用无法预知其危害的转基因工程技术，以防止可能发生的重大风险。

这四项基本原则是有机农业得以成长和发展的根基，在世界范围内被广泛接受，它有利于推动有机农业的发展和实现不同地区和国家发展有机农业的目标。

3. 什么是有机食品？有机食品有何特点？

有机食品（organic food）是指来自有机农业生产体系，根据有机农业生产要求和相应标准生产加工，并且通过合法的、独立的有机食品认证机构认证的农副产品及其加工品。

有机食品与其他食品的区别体现在如下方面：

（1）有机食品在其生产加工过程中绝对禁止使用农药、化肥、激素等人工合成物质，并且不允许使用基因工程技术；而其他食品则允许有限使用这些技术，且不禁止基因工程技术的使用。如无公害食品对基因工程和辐射技术的使用就未作规定。

（2）生产转型方面，有机食品的生产需要转换期，而生产其他食品（包括绿色食品和无公害食品）没有转换期的要求。

（3）数量控制方面，有机食品的认证要求定地块、定产量，而其他食品没有如此严格的要求。

因此，生产有机食品要比生产其他食品严格得多，需要建立全新的生产体系和监控体系，采用相应的病虫害防治、地力保护、种子培育、产品加工和储存等替代技术。

4. 我国食用菌常见种类有哪些?

食用菌（edible mushroom）是指可以形成大型子实体的真菌。它们具有肉眼可见、徒手可采的特点，着生于地上的倒木树桩、粪草土壤、植物根茎上面或者生于地下土壤中，俗称"菇""蕈""蘑""菌""耳""芝""伞"等。全世界约有 1 万种大型真菌，其中可以食用的约有 2000 种。《中国食用菌名录》共收录中国食用菌 966 个分类单元，包括 936 种、23 变种、3 亚种和 4 变型。其中，我国可人工栽培种类有 100 多个种，实现规模化、商业化栽培的有 40 多个种（见表 1），常见的有平菇、香菇、金针菇、双孢蘑菇、黑木耳、毛木耳、草菇、白灵菇、杏鲍菇、茶树菇、猴头蘑、斑玉蕈、大杯蕈、金福菇、滑子菇、灰树花、黄伞等。

表1 我国人工栽培食用菌种类

序号	种名	拉丁学名	商品名或别名	主要产地
1	双孢蘑菇	*Agaricus bisporus*	白蘑菇、白菇	福建省漳州市，山东省聊城市、济宁市、临沂市，河南省夏邑县，江苏省灌南县等
2	巴西蘑菇	*Agaricus blazei*	姬松茸	福建省三明市、宁德市等
3	棕色蘑菇	*Agaricus campestris*	棕色蘑菇	辽宁省阜新市

表1（续）

序号	种名	拉丁学名	商品名或别名	主要产地
4	茶树菇	*Agrocybe cylindracea*	茶树菇、茶薪菇、柱状田头菇	福建省古田县、江西省黎川县、江西省广昌县等
5	黑木耳	*Auricularia heimuer*	黑木耳	黑龙江省牡丹江市、伊春市，吉林省延吉市，辽宁省抚顺市，浙江省丽水市等
6	毛木耳	*Auricularia nigricans*	毛木耳、黄背木耳、白背木耳、琥珀木耳、紫木耳	福建省漳州市、四川省什邡县、江苏省丰县、山东省鱼台县等
7	大革耳	*Panus giganteus*	大杯伞、猪肚菇	福建省漳州市、宁德市等
8	毛头鬼伞	*Coprinus comatus*	鸡腿菇、墨汁鬼伞	山东省济宁市、河北省石家庄市等
9	蛹虫草	*Cordyceps militaris*	北虫草、北冬虫夏草	辽宁省灯塔市、沈阳市于洪区，山东省梁山县等
10	短裙竹荪	*Dictyopbora duplicata*	竹荪	福建省顺昌县、邵武市，四川省广元县，江西省会昌县，贵州省毕节市等
11	刺托竹荪	*Dictyopbora echinovolvata*		
12	长裙竹荪	*Phallus indusiatus*		
13	红托竹荪	*Phallus rubrovolvatus*		

表1（续）

序号	种名	拉丁学名	商品名或别名	主要产地
14	金针菇	*Flammulina velutipes*	金针菇	全国各地（工厂化生产栽培）
15	灵芝	*Ganoderma lucidum*	灵芝	全国各地
16	松杉灵芝	*Ganoderma tsugae*		黑龙江省伊春市，吉林省长白市、延吉市等
17	灰树花	*Grifola frondosa*	栗子蘑	河北省迁西县、浙江省庆元县、湖南省娄底市等
18	茯苓	*Wolfiporia cocos*	茯苓	安徽省岳西县、霍山县和金寨县，湖北省英山县、罗田县，湖南省靖州县、云南省永胜县、普洱市思茅区和永平县等
19	榆耳	*Gloeostereum incarnatum*	榆耳	吉林省四平市
20	猴头菇	*Hericium erinaceus*	猴头蘑	福建省古田县、黑龙江省牡丹江市等
21	亚侧耳	*Hohenbuehelia serotina*	元蘑	黑龙江省牡丹江市、尚志市
22	斑玉蕈	*Hypsizygus marmoreus*	海鲜菇、白玉菇、真姬菇	全国各地（工厂化生产栽培）

表1（续）

序号	种名	拉丁学名	商品名或别名	主要产地
23	香菇	*Lentinula edodes*	香菇	河南省驻马店市、南阳市，山东省滨州市、淄博市、临沂市，福建省宁德市，河北省遵化市、承德市等
24	羊肚菌	*Morchella esculenta*	羊肚菌	四川省绵阳市、广元市、成都市，河北省唐山市、张家口市等
25	梯棱羊肚菌	*Morchella importuna*		
26	六妹羊肚菌	*Morchella sextelata*		
27	七妹羊肚菌	*Morchella septimelata*		
28	长根小奥德蘑	*Oudemansiella radicata*	长根菇、黑皮鸡枞	福建省漳州市、河南省濮阳市、山东省济宁市等
29	肺形侧耳	*Pleurotus pulmonarius*	秀珍菇	福建省安仁县、罗源县，河北省灵寿县，湖南省安仁县等
30	黄伞	*Pholiota adiposa*	黄金菇	辽宁省阜新市
31	滑菇	*Pholiota microspora*	滑子菇、珍珠菇	河北省平泉县、宽城县，辽宁省岫岩县、庄河市，内蒙古自治区赤峰市、鄂伦春旗，山东省日照市等

表1（续）

序号	种名	拉丁学名	商品名或别名	主要产地
32	鲍鱼侧耳	*Pleurotus cystidiosus*	鲍鱼菇	福建省三明市
33	榆黄蘑	*Pleurotus citrinopileatus*	榆黄菇	全国各地
34	桃红侧耳	*Pleurotus djamor*	桃红平菇、红平菇	全国各地（零星栽培）
35	刺芹侧耳	*Pleurotus eryngii*	杏鲍菇	全国各地（工厂化生产栽培）
36	白灵侧耳	*Pleurotus eryngii* var. *tuoliensis*	白灵菇、阿魏菇	新疆维吾尔自治区乌鲁木齐市、天津市蓟州区、河北省遵化市、河南省清丰县等
37	白黄侧耳	*Pleurotus cornucopiae*	平菇	全国各地
38	糙皮侧耳	*Pleurotus ostreatus*		
39	紫孢侧耳	*Pleurotus sapidus*		
40	绣球菌	*Sparassis crispa*	绣球菌	福建省福州市
41	大球盖菇	*Stropharia rugosoannulata*	酒红球盖菇	福建省将乐县、邵武县，江西省宜春市、抚州市、吉安市，云南省昆明市，山东省德州市等
42	银耳	*Tremella fuciformis*	银耳	福建省古田县、屏南县、南靖县、建阳市，四川省通江县等

表1（续）

序号	种名	拉丁学名	商品名或别名	主要产地
43	巨大口蘑	*Tricholoma giganteum*	洛巴口蘑，金福菇	福建省南靖县、河南省邓州市等
44	草菇	*Volvariella volvacea*	草菇	江苏省丹阳市、泗阳县，福建省龙海市、漳州市龙海区角美镇，广东省翁源县，陕西省曲江县，山东省定陶县、莘县等
45	荷叶离褶伞	*Lyophyllum decastes*	鹿茸菇	河北省、山东省、山西省、湖南省等（工厂化生产）

除人工栽培种类外，我国野生食用菌种类繁多。以云南为例，常见种类：侧耳属中的糙皮侧耳（平菇、北风菌）、美味侧耳（紫孢侧耳）、金顶侧耳（榆黄蘑、核桃菌、黄冻菌）、漏斗侧耳（凤尾菇、环柄斗菇）、灰白侧耳（长柄侧耳）；红菇科中的青头菌、松乳菇（奶浆菌）、多汁乳菇（红奶浆菌）；牛肝菌，至少有15个种以上，包括卷边牛肝菌（黑见手）、褐盖牛肝菌（黑见手）、华丽牛肝菌（红见手）、白颈华丽牛肝菌、红脚牛肝菌（见手青）、桃红牛肝菌（红见手、紫见手）、血红牛肝菌（红见手）、小美牛肝菌（粉见手、黄见手）、黄褐牛肝菌（红见手、黄见手）、厚鳞条孢牛肝菌（紫见手）、金色条孢牛肝菌（粉见手）、褐绒盖牛肝菌（黑见手）、砖红绒盖牛肝菌（红见手）、酒红绒盖牛肝菌（红见手）、中国粉孢牛肝菌（红见手）、黑牛肝

菌、黄癫头、橙香牛肝菌（陈香菌）、绒盖牛肝菌、点柄乳牛肝菌、乳牛肝菌、褐环乳牛肝菌等；离褶伞属中的荷叶离褶伞、灰离褶伞、真姬离褶伞。此外，梭柄乳头蘑、珊瑚菌、鸡油菌、小鸡油菌、云南鸡油菌、松口蘑、竹荪、短裙竹荪、红托竹荪、猴头菌、羊肚菌、尖顶羊肚菌、香肉齿菌（黑虎掌）、金耳、印度块菌等，均是美味食用菌。

5. 我国食用菌产业发展现状如何？

我国栽培食用菌历史悠久，在古农书中关于种菌方法的最早记载，可以追溯到唐代韩鄂所撰的《四时纂要》中有关"种菌子"的一段："取烂构木及叶，于地埋之。常以泔浇令湿，两三日即生。"20世纪初至40年代末，我国有许多农学家、植物学家、园艺学家、生物学家等引进发达国家先进的食用菌栽培技术，为我国食用菌栽培逐步走向现代化奠定了初步的基础。直至20世纪70年代，我国食用菌产业发展非常缓慢，产量极低，1978年我国产量仅占全球总产量的5.7%。

改革开放以来，食用菌产业快速发展成为我国的新兴特色产业，各省（区）、市、县把发展食用菌作为当地的菜篮子工程、特色农业、创汇农业、循环农业等重要项目来抓，在各级政府的大力支持下，食用菌产业在促进农业结构调整、农业增效、农民增收和循环农业的发展方面发挥了独特的作用，全国食用菌总产量迅速提高。目前，中国已成为世界食用菌生产第一大国，栽培面积大、总产量高。

根据中国食用菌协会统计，1978年我国食用菌产量（鲜菇）为5.8万t，1986年增至58.6万t，1996年为350万t，2006年为1474万t，2020年达到4061.4万t，产值是3465.6亿元（图1、图2）。其中，1978—1986年的8年间我国的食用菌产量增长了9倍，平均每年增长33.5%；1993—2000年的7

年间增长了 3.3 倍, 平均每年增长 23.2%; 2000—2010 年的 10 年间增长了 2.31 倍, 平均每年增长 23.14%; 2010—2020 年的 10 年间平均每年增长 8.46%。据中国海关统计, 2020 年我国共出口食 (药) 用菌类 64.72 万 t (干、鲜混计), 创汇 27.28 亿美元。其中, 香菇、木耳等干品 136 万 t, 按照 1∶10 折算为鲜品, 为 1360 万 t。出口金额在 1 亿美元以上的品种有干香菇、干木耳和小白蘑菇罐头。

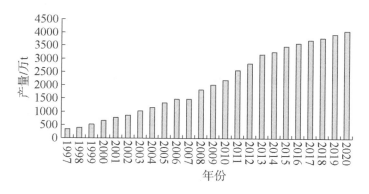

图 1 1997—2020 年我国食用菌产量

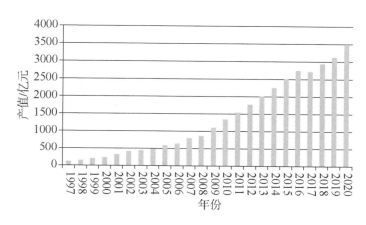

图 2 1997—2020 年我国食用菌产值

从品种来看，产量排在前七位的品种分别是香菇（1188.2万t）、黑木耳（706.4万t）、平菇（683.0万t）、双孢蘑菇（202.2万t）、金针菇（227.9万t）、毛木耳（189.2万t）和杏鲍菇（213.5万t）。排在前七位的品种的总产量占全年全国食用菌总产量的79.3%，是我国食用菌产品的主要品种。从全国食用菌产量分布情况看，2016年排在前十位的省（区）为河南（561.9万t）、福建（452.5万t）、山东（332.5万t）、黑龙江（331.8万t）、河北（326.6万t）、吉林（237.7万t）、四川（230.4万t）、江苏（225.0万t）、湖北（140.2万t）、江西（134.1万t），产量为100万t～130万t的省（区）有广西（128.64万t）、辽宁（126.7万t）、陕西（126.0万t）、湖南（118.3万t）。产量为50万t～100万t的省（区）有浙江、广东、安徽、云南、内蒙古。

与世界食用菌总产量相比，从1993年开始，我国食用菌总产量就稳居世界第一位，其中，金针菇和香菇等的产量排在榜首，双孢蘑菇产量排在巴西和美国之后，列第三位。我国食用菌总产值仅次于种植业中的粮、棉、油、果、菜，超过了茶叶和蚕桑，截至2020年年底，我国产值亿元县有100多个。

6. 什么是有机食用菌？有机食用菌有什么特点？

有机食用菌是按照有机农业生产要求和相应标准生产、加工、销售，并经过有机产品认定机构认证的食用菌产品及其加工品。有机食用菌生产过程中要求原料来源遵循自然规律和生态学原理，采取有益于生态和环境的可持续发展的农业技术，不使用合成的农药、肥料及生长调节剂等物质，在加工过程中不使用合成的食品添加剂，食用菌及相关产品经专业认证机构认证。

有机食用菌产品的类型：①按有机食品生产要求生产的人工栽培食用菌；②安全无污染的野生食用菌；③以有机食用菌为原

料加工且未使用化学合成添加剂的食用菌加工产品。

7. 有机食用菌产业发展有哪些优势？

一方面，食用菌自身的生产特点有利于有机食用菌产业发展。食用菌人工栽培是在一定设施条件下进行的，栽培原料主要是木屑、农作物副产物等，以及少量石灰、石膏，无需其他添加物。生产工艺包括原料灭菌或发酵处理、接种、发菌和出菇管理各环节，生产环境可实现清洁干净，出菇环境（温度、湿度、光照、通气）在人为控制下适宜于食用菌生长发育，不利于病虫害繁殖。因此，多数食用菌生产过程无化肥、农药投入。出菇后的基质（菌渣）可作为优质有机肥回归农田，因此，食用菌生产不仅有利于农业废弃物的循环高效利用，而且有利于农业与生态环境的协调发展，维持持续稳定的农业生产体系。

另一方面，丰富的野生食用菌资源有利于开发有机食用菌产业。我国是生物多样性最丰富的国家之一，也是菌物物种多样性最丰富的国家之一。由于地形地貌复杂，海拔高差悬殊，土壤类型各异，热带、亚热带、温带等植被类型兼有。许多山区常年雨量充沛，温度、湿度适宜，为各种生态类型的生物繁衍提供了良好的环境。中国已知菌物约 1 万种，大型真菌估计 3800 种以上，其中伞菌类 1600 种，多孔菌类 1300 种，腹菌类 300 种，木耳和银耳等胶质菌类 100 余种，大型子囊菌类 400 多种。根据世界各国食用菌发展史以及已知食用菌物种记录，我国无疑是世界上食用菌物种最丰富的国家，这为有机食用菌产业开发提供了大量资源。

8. 有机食用菌开发的市场前景如何？

自古以来，食用菌以其脆嫩的质地、优美的形态、袭人的香气、独特鲜美的味道、丰富的营养而备受人们喜爱，被誉为"山中之珍""素中之荤""保健食品"。联合国粮农组织提倡人们膳食结构"一荤一素一菇"。从 20 世纪 40 年代开始，全球食用菌产量和消费量每年增速为 7% ~13%。食用菌是我国传统的出口农产品，双孢蘑菇、香菇、木耳、滑子菇、松茸等长期出口世界各地，欧洲、东盟、日本和美国是主要出口市场。日本是我国食用菌产品主销国家之一，2005 年日本开始实行"肯定列表制度"，提高了检测标准，致使我国食用菌产品对日出口严重受阻。2008年由于受到全球金融危机的冲击，一些出口企业在出口途径、资金结算上遇到受阻受限的情况，部分食用菌产品价格滑落。2009年随着金融危机的逐渐消退，国外市场香菇、蘑菇等大宗传统出口产品的价格缓慢回升，我国食用菌产业迎来了新一轮发展机遇。据中国海关统计，2006 年全国食用菌出口创汇达 11.21 亿美元；2014 年我国共出口食（药）用菌类 51.47 万 t（干、鲜混计），创汇 28.33 亿美元；2015 年出口总量 50.7 万 t，创汇 29.79亿美元，比 2014 年增长了 5.2%；2016 年出口量 55.78 万 t，创汇 32.2 亿美元。2020 年以来，受新冠肺炎疫情影响，食用菌出口创汇额有所下降。

　　30 年前，食用菌产品仅出现在高档饭店和一些高收入家庭的餐桌上。随着我们国家经济条件不断改善，人们生活水平不断提高，保健意识不断增强，食用菌消费量逐年增加。目前，我国食用菌总产量占世界总产量 75% 以上，位居世界第一，其中 98% 以上用于满足国内需求。食用菌产品已广泛进入各大农贸市场、大小超市，但我国食用菌区域消费存在不均衡的现象。一二线城市消费者注重品牌和产品质量，倾向于选择价格较高的名牌产品，对新品种、珍稀品种接受快，消费能力较强。但国内更大的市场是小城市、城乡接合部和农村，其总体消费水平偏低，品牌效益还不太明显，选择产品时更注重价格的实惠，属于较低端市场。

　　近年来，餐饮行业营业额年均增速 18%，以金针菇、杏鲍菇等为代表的食用菌是人们喜爱的火锅涮菜，它们含有丰富的蛋白质、氨基酸及多种维生素，具有抗癌、抗衰老等保健功效，有益身体健康，符合现代快节奏生活方式下科学饮食、平衡营养的新消费需求。同时，以食用菌为加工原料的食品得以开发，如各种食用菌即食食品、佐餐食品、面食品（如食用菌饺子）、罐头、酱醋、保健食品等。随着加工产业的发展和人们食品安全意识的增强，有机食用菌原料需求量将不断扩大。

9. 目前有机食用菌开发现状如何？

随着我国有机食品的发展，有机食用菌被同步开发。长期以来，由于食用菌生产为一家一户小规模经营模式，生产者对有机食品的认识不足，加之有机食用菌生产要求的限制，有机食用菌产业发展较慢，与茶叶、粮食作物、蔬菜等相比，开发的产品种类较少。截至 2015 年年底，我国发放的有机食用菌证书仅 250 多张，产量约 2 万 t，认证产品主要有香菇、黑木耳、杏鲍菇、金针菇、双孢蘑菇、元蘑、平菇等。

现阶段，有机食用菌产业主要存在以下两个问题。

首先，整体规模偏小。虽然人工栽培食用菌的历史悠久，但食用菌生产主要还是集中在少数国家和地区，中国是世界上产量最高的国家，其次是日本、美国、荷兰等。近年来，食用菌生产技术在全世界得到普及，全球食用菌总产量大幅增长。但即使在发达国家，有机食用菌产业发展仍处于萌芽阶段。2003 年，荷兰只有 3% 的食用菌农场实现了有机生产。美国农业部统计显示，2004—2005 年度，美国共有 275 个食用菌栽培农场，其中有机食用菌农场只有 35 个，占同类农场总数的 13%，有机食用菌的销售额仅为食用菌销售总额的 1%。另据澳大利亚蘑菇协会报道，该国目前只有两家食用菌生产农场通过了有机认证，还不到同类农场总数的 2%。

其次，市场表现不佳。食用菌是对生产技术要求较高的高价值经济作物，因此，即便是常规食用菌品种，其价格也通常高于普通蔬菜，而珍稀食用菌品种的价格往往更高。显然，在此基础上，生产成本更高的有机食用菌产品的价格越发昂贵，大大超出了普通消费者的购买能力。受价格因素支配，在市场需求有限的情况下，有机食用菌产品有时不得不作为非有机产品出售。美国农业部发布的食用菌产业年度发展报告就指出，2004—2005年度全国共生产有机食用菌15875.65 t（3500万lb），而只有27.67 t（6.01万lb），即17%的产品被贴以有机标识出售，其余全部作为普通产品销售。

10. 影响我国有机食用菌开发的因素有哪些？

根据食用菌产业特点，食用菌栽培不是以土壤为生产介质的，因而它不需要经历从非有机生产到有机生产的转化过程，这一点与其他农作物是有显著区别的。开展有机食用菌生产，一般只要在上一个非有机生产周期结束后，做好必要的卫生和准备工作，就可以引入有机生产管理。以下为影响有机食用菌开发的主要因素。

（1）有机食用菌栽培原料来源。食用菌生产是以各种农林废料（农作物秸秆、木屑等）为主要原料的。发达国家和地区要求栽培有机食用菌的培养料必须绝对来自有机原料。下面以两种世界性栽培的食用菌——双孢蘑菇和香菇为例加以说明。

双孢蘑菇：欧盟和美国都规定，生产双孢蘑菇的作物秸秆和动物粪便必须来自有机种植的作物和有机饲养的牲畜，此外还要求作物不得有转基因成分，牲畜必须以福利方式饲养。考虑到难以获取足够的有机原料，欧盟规定，如果经证实，确实无法获得所需有机原料，占原料总重量（不含水和覆土）25%的培养料可以采用非有机来源的原料。

香菇：香菇是以段木或木屑为主要生产原料的。美国、日本和欧盟都规定，段木和木屑必须取自无污染的原始森林，而且要保证木头在运输、加工过程中不被有毒、有害物质污染。

GB/T 19630—2019《有机产品　生产、加工、标识与管理体系要求》的 4.4.4 中规定，应使用天然材料或有机生产的基质，并可添加辅料，辅料包括来自有机生产单元的农家肥和畜禽粪便，未经化学处理的泥炭，砍伐后未经化学产品处理的木材等。

当前，有机食用菌生产原料不足，已成为制约有机食用菌产业发展的瓶颈。根据英国媒体报道，该国由于无法获取充足的有机稻草和动物粪便，不得不减少有机食用菌的产量。因此，寻找或开发新的有机原料资源已到了刻不容缓的地步。

（2）有机食用菌生产技术。食用菌属于大型真菌类生物，在生长过程中与环境微生物产生竞争。和其他有机种植业一样，有机食用菌生产过程中不允许使用农药和消毒试剂。各国一致推荐使用蒸汽对菇房进行消毒，保持环境卫生，采用物理和生物的方法进行病虫害综合防治。对于农业式生产模式，由于设备设施条件有限，防治病虫害的能力比较低，有效应用于食用菌生产的生物农药缺乏，增加了有机食用菌生产的难度。

使用过的有机食用菌培养料是宝贵的可再利用资源。通常情况下，使用过的有机培养料应运送到有机农场加工成有机肥料。对于在某个食用菌农场里同时存在有机生产和非有机生产的情形，各国和地区都要求有机生产和非有机生产必须进行隔离。而且，为防止交叉污染，有机生产和非有机生产之间相互转化通常是不允许的。

（3）有机食用菌产品市场价值体现。一方面由于生产原料来源受限，以及不使用农药和化肥带来的病虫害的风险，导致有机食用菌生产成本增加。因此，不断提高生产的科技水平和管理水平，降低生产成本，并确保有机食用菌高产稳产，将有助于推动有机食用菌市场发展。另一方面，提高消费者对有机食用菌的认识和购买欲望，可促进有机食用菌消费。此外，很多企业对有机食用菌的认识仅停留在获得有机食用菌标志的使用权上，做不到使用特定的绿色营销策略，加之消费需求不足，有机食用菌产业链的形成受到很大限制。

11. 开发有机食用菌需要什么条件？

有机食用菌相对于常规食用菌，在环境、生产、加工和销售环节都有更加严格的要求。

（1）产地环境要求。有机食用菌的产地要选择在生态条件良好、远离污染源并具有可持续生产能力的农业生产区域。具体来说，要求有机食用菌生产基地所处的环境空气清洁、干净，空气质量符合 GB 3095《环境空气质量标准》中二级标准的规定；周边 5 km 以内无化学污染源，1 km 内无工业废弃物；500 m 内无集市、水泥厂、木材加工厂等扬尘源；200 m 之内无禽畜舍、垃圾场和死水池塘等病虫滋生地；生产用水要有干净的水源，质量达到 GB 5749《生活饮用水卫生标准》的规定。

（2）生产原料要求。使用天然材料或有机农业生产副产物作基质主料，并要求新鲜、无霉变、无结块。

（3）生产过程要求。生产过程中不允许使用任何人工合成的农药、化肥、植物生长调节剂和除草剂等物质。强调采用农业内部物质、能源不断循环和再利用的方式保护生态环境；强调采用生态自然调控、农业技术措施和物理方法等方式控制病虫害的危害；生产过程中强调采用有益生态环境技术，降低资源消耗，解决生物多样性减少、农业环境污染等问题。

（4）注重对生产、加工和销售等环节的全过程控制。有机食用菌生产坚持"从原料到餐桌"的全程质量安全控制，无论是人工栽培、野生采集，还是加工以及销售到消费者手中的过程，均要按标准和规范操作，每个步骤要有详细的记录。记录内容包括食用菌生产过程中的投入物、原料的收获、加工产品的质量和数量、产品的流转和废弃物的处理等。产品应具有可追溯性。

（5）实行认证和标志管理。有机食用菌产品必须通过国家认证认可监督管理委员会（以下简称"国家认监委"）批准的具有有机产品认证资质的认证机构，按照 GB/T 19630《有机产品　生产、加工、标识与管理体系要求》和相关规定进行认证，并在产品最小销售包装上加施中国有机产品认证标志及其唯一编号、认证机构名称或标识，才能在市场上进行销售。

12. 有机食用菌生产应遵循什么标准？

从 20 世纪 90 年代起，各国开始进行有机农业和有机食品的相关立法工作。欧盟于 1991 年 7 月制定了《有机农产品生产法》（EU 2092/91）及其补充条款，规范了欧盟内部及进口有机食品的生产、加工、标识。随后，美国和日本分别于 1997 年和 2000 年出台了本国的有机农业和有机食品法规和标准。

随着有机产业的发展，国家质量监督检验检疫总局（以下简称"国家质检总局"）和国家标准化管理委员会（以下简称"国家标准委"）于 2005 年 1 月 19 日发布 GB/T 19630—2005《有机产品》，该标准于 2005 年 4 月 1 日起实施。GB/T 19630—2005《有机产品》是一个通用型标准，适用于该标准定义的所有有机产品（包括有机食用菌）。该标准给出了实施有机产品生产和加工的指导原则，不仅规定了有机产品生产加工过程、技术要求、生产资料的输入等内容，而且对生产者、管理者的行为也进行了规定；不仅提出了产品质量应该达到的标准，而且为产品达标提供了先进的生产方式和生产技术指导。该标准经过数次修订，目前现行有效的版本是 2019 年发布的 GB/T 19630—2019《有机产品 生产、加工、标识与管理体系要求》，该标准于 2020 年 1 月 1 日起实施。目前我国有机食用菌生产以这一标准为依据。

13. 欧美等国家和地区的有机食用菌生产技术标准规程是怎样的？

美国是世界上最大、最具活力的有机产品市场之一。美国华盛顿行政法规（Washington Administrative Code，WAC）WAC 16－157《有机食品标准和认证》在 2002 年 5 月 30 日发布生效。其中 WAC 16－157－120 专门对有机食用菌标准生产操作进行了规定，对菌种的要求非常明确，要求必须使用有机菌种；如果培养基中含有琼脂，其所含的抗生素浓度不能超过 0.04 g/L；用作培养料的锯屑、锯木等，必须证明其在被砍伐之前的 3 年内，生长环境未受到禁用物质的污染，且在砍伐后的预处理过程中，避免使用禁用物质。除此以外，2002 年 10 月美国颁布了一项新的法规——《国家有机项目纲要》（The National Organic Program，NOP），对美国市场上销售的所有有机食品的生产和标识做了详细的规定。所有与有机食品相关的农场主、加工制造商以及经销商应当遵守 NOP 的规定，一旦违反，将会受到政府的严惩。NOP 是一套覆盖了有机食品生产、加工整个流程的标准体系。

加拿大不列颠哥伦比亚省有机认证协会是当地唯一由政府资助的进行有机认证的组织，由其制定的《有机食用菌生产规程》，从栽培环境、菌种来源、虫害控制、病害控制、卫生管理和培养料六个方面，对有机食用菌的生产进行了规定和说明。每一部分都从必备条件、允许使用范围、受控范围及禁用范围四个方面较为详细地列出了范围和投入品使用量等。

（1）栽培环境：须有独立完整的空间用于有机食用菌的生产，操作间允许使用的材料包括木材、聚乙烯、玻璃、玻璃纤维、混凝土、塑料和铝等。如果使用木材，需要3年的转换期；2002年1月前已经投入使用的木材，如果之前经过砷酸铜铬的处理，可以继续使用，但不能直接与食用菌生长的土壤基质接触；绝对禁止使用新的、铬化砷酸铜（CCA）防腐剂处理过的木材。

（2）菌种来源：与其他标准规程的规定基本一致。尽量采用有机操作途径获得的菌种，但若使用常规途径获得的菌种，必须有材料证明其在生长过程中未使用禁用物质。

（3）虫害控制：最基本的是卫生条件的控制，采取合适的灭菌方法对工具和培养基进行灭菌，能够有效地阻止虫害的侵袭和蔓延；在虫害控制过程中，可以使用生物制剂（主要针对疾病、寄生虫等）、机械陷阱清理技术、费洛蒙阱、草药、肥皂（禁止使用人工合成的，但可使用食用级蜡）、除虫菊等；如果使用硅藻土，须严格控制其用量；严禁使用抗凝血剂型灭鼠剂、混合型杀虫剂等。

（4）病害控制：为了避免交叉污染，建议在整个栽培区域内进行水和空气的过滤；对工具和培养基进行巴斯德或高温杀菌；适当调节大气中CO_2与O_2的比例；可以使用中草药进行病害控制；可以使用生物制剂（主要针对病原性细菌、真菌）；严格禁止使用人工合成的化学物质进行病害控制。

（5）卫生管理：可以使用过氧化氢、蒸汽、沸水、酒精、紫外线等；若使用熟石灰、硫酸铜、碘酒、碱液、漂白剂（优先于其他的人工合成消毒剂）等，须严格控制其用量；严禁使用甲醛、人工合成的熏剂和真菌杀剂、溴化甲烷等；在进行有机食用菌种植之前的12个月，严禁使用上述受禁物质。

（6）培养料：培养料及车间设备在使用前须进行适当的杀菌处理；若使用动物粪便作原料，在使用前须进行堆肥处理，堆肥处理过程中须保证处理温度达到 57 ℃；所使用的谷物或秸秆等，须通过有机认证；使用木段作为原料时，可选择原木；培养料中可以添加天然激素类物质（包括植物激素、细胞分裂素、赤霉素）；允许使用泥炭石、石灰石、泥炭；若使用锯屑，须证明其不含禁用物质，必要时须进行重金属检测；若使用的秸秆为非有机物质，须有材料证明其不含禁用物质；严禁使用传统化学肥料。

欧盟安全指标变化快、要求严，为世界所共识。欧盟法规 EU 2092/91 及其补充条款对有机产品的生产进行了详细的规定，它不仅适用于欧盟本地生产的有机产品，也适用于从"第三方国家"进口到欧盟的有机食品。在欧盟区域内销售的所有有机食品，都必须满足欧盟有机标准的要求，并须通过认证。所有与有机食品相关的生产者、加工者和包装人员必须进行注册登记。这种制度确保了食品是在有机标准的指导下生产的，为消费者安全消费提供了保障。但是，其也有一定的局限性，例如未对营养价值和其他品质要素进行规定。

根据欧盟有机立法，每个欧盟成员国都有义务保证在其管辖范围内生产的有机食品至少能够满足欧盟基本标准的要求。各独立的认证机构所采用的标准至少能满足国家标准的要求，允许使用地方标准，但其要求必须高于国家标准。欧盟有机法规在不断地完善，促使各国标准和其他有机标准也不断地更新。

欧盟各成员国之间的有机食用菌生产技术标准有一定差异。以通用的欧盟法规 EU 2092/91 为基础，有以下几点需要说明：菌种方面，目前还没有强制实行使用有机菌种，但其来源一定要明确；用于有机食用菌生产的有机肥料，最好全部来源于有机循环中产生的有机物质，这一标准不是绝对的，但必须保证其中非有机成分占有量不能超过 25%（总量以除去包装和水分计），非有机成分包括转基因成分和牲畜粪便等；有机生产者须满足卫生、清洁和消毒方面的有机标准，清洁剂、消毒剂的用量受到严格的控制，但不同认证机构之间的标准可能有所差异。目前，尽管已有许多化学物质被允许用于食用菌栽培环境的消毒，但传统的蒸汽处理仍被强烈推荐用于有机食用菌生产过程中的清洁和消毒。

14. 什么是有机认证？为什么要进行有机食用菌认证？

有机认证是指由认证机构证明产品、服务、管理体系符合相关技术规范的要求或者标准的合格评定活动。认证分为自愿性认证和强制性认证两种，按认证对象分为体系认证和产品认证等，有机产品认证属于自愿性产品认证范畴。

从外观上看，很难识别有机食用菌和常规食用菌，有机食用菌生产保护环境和质量安全的价值不能通过其最终产品直观地反映出来。因此，通过第三方认证机构对有机食用菌生产过程和最终产品的认证，并且通过特定标志以区别常规产品，可以起到维护生产者和消费者权益，体现有机食用菌生产过程不同和产品质量的作用。

国际上权威的有机食品认证机构有日本的 JONA、OMIC，英国的 SA，法国的 ECOCERT，德国的 BCS，瑞士的 IMO 等。美国国内现有 55 家认证机构，并在加拿大、德国等19 个国家设有 40 家认证机构。现设在中国的国外有机农产品认证机构办事处主要有美国的 OCIA，德国的 ECOCERT、BCS 和 GFRS，瑞士的 IMO，荷兰的 SKAL，法国的 ECOCERT 等。

国内比较权威的有机食品认证机构有北京中绿华夏有机产品认证中心有限公司、南京国环有机产品认证中心有限公司等。

15. 我国有机食用菌认证的依据和范围是什么？

我国有机产品认证是根据《中华人民共和国认证认可条例》的规定进行的，主要认证依据是《有机产品认证管理办法》《有机产品认证实施规则》和 GB/T 19630—2019《有机产品 生产、加工、标识与管理体系要求》3 个文件。

申请有机产品认证的产品种类应在国家认监委发布的《有机产品认证目录》里，只有目录内的产品才能进行有机产品认证。2019 年 11 月 6 日修订后的目录中包括 46 个大类 1136 种产品。

16. 目前我国有机食用菌开发有哪几种模式?

目前我国有机食用菌开发的模式较多，其中主要模式有公司型、"公司＋基地＋农户"型、食用菌合作社（协会）型等。

（1）公司型。目前有机食用菌生产的主流模式是公司自行开发有机食用菌。有机食用菌基地、包装储运加工及销售体系、产品品牌与企业标准均为公司自有，公司建有一套有机食用菌管理体系，直接申请有机产品认证。这种模式的优点是以市场为导向，产销灵活，有机食用菌经营理念易于贯彻，便于管理、一体化经营，产品质量较稳定，货源有保障，经济效益较好；缺点是投资开发成本高，投资时间长，规模难以做大。

（2）"公司＋基地＋农户"型。由于有机食用菌生产是一个系统工程，需要具备一定资金、生产规范和生产管理模式才能运行，以小农户为主的食用菌个体经营者不适合进行有机食用菌开发。为了开发有机食用菌，一些小农户出于自愿，逐步向食用菌生产大户、企业靠拢，形成"公司＋基地＋农户"和有机食用菌专业合作社等集约化生产经营模式，通过契约把广大菇农组织起来，统一标准、生产、加工、管理、营销、认证，发挥当地整体优势，提高市场竞争能力，促进产业化发展。公司根据贸易的需要与生产者签订供货合同，由公司申请有机食用菌认证。这种模式由贸易公司作为主体，联合一批生产者。它的优点是能组织较多的有机食用菌生产者，容易扩大规模，满足大批量供货的要求，形成区域效应，带动一方经济的发展。这种模式下申请有食品认证的公司要有较强的组织能力，统一管理生产者，各生产者执行同样的操作规程，按同一个标准加工，做到各基地生产协调一致。

（3）食用菌合作社（协会）型。近年来，农业生产中出现了一种新的模式，在农村家庭承包经营基础上，由农民自发组织起来的合作社或协会形式，即由同类农产品的生产经营者或者同类农业生产经营服务的提供者、利用者自愿联合、民主管理的互助性经济组织。协会或合作社制订有机食用菌生产章程，农户自觉遵守该章程，严格控制食用菌生产投入品，并互相监督食用菌的生产过程，按有机食品要求管理和生产产品，协会组织建设有机食用菌储藏、包装加工厂，并由协会或合作社提出对有机食用菌进行认证，共同使用有机标志，销售所获得的效益按协会成员所占的股份分配。

我国食用菌产业已遍及全国各地，各地方经济、文化和社会状况不一致，各种形式的有机食用菌开发方式也各有利弊。因此，各地有机食用菌产业开发模式要因地制宜进行选择。

17. 我国在有机食品开发方面有哪些政策支持？

有机产业以保护生物多样性和生态环境、促进农业持续发展、保障食品安全为发展目标，因此有机产业的发展符合我国农村产业结构调整政策，得到了各级政府的支持。

（1）国家层面：中共中央、国务院以及党和国家领导人多次在重要文件、讲话中，特别是每年发布的中央一号文件中多次强调发展有机农业的重要性，并大力支持有机生产基地建设和有机产业的发展。如2010年中央一号文件《中共中央　国务院关于加大统筹城乡发展力度　进一步夯实农业农村发展基础的若干意见》要求"加快农产品质量安全监管体系和检验检测体系建设，积极发展无公害农产品、绿色食品、有机农产品"。《国务院关于支持农业产业化龙头企业发展的意见》（国发〔2012〕10号）中明确指出"支持龙头企业开展质量管理体系和无公害农产品、绿色食品、有机农产品认证"。2017年3月农业部印发《"十三五"全国农产品质量安全提升规划》，提出大力推进"三品一标"发展，因地制宜发展有机农产品。2018年中央一号文件《关于实施乡村振兴战略意见》中强调提升农业发展质量，坚持质量兴农、绿色兴农，加快实现由农业大国向农业强国转变。

（2）相关部委：与有机产业相关的中央各部委陆续制定并出台了一些促进有机产业发展的政策。环境保护部的支持政策主要侧重于如何保护好生态环境、建设有机食品生产基地，2013年将有机种植面积的比例纳入国家生态文明建设试点示范区指标中，这一评价体系有利于地方政府积极主动地发展有机产业；农业农村部将有机农产品纳入农产品质量安全和品牌建设中，侧重于有机农产品基地建设和国内外市场的拓展；科技部主要在"科技富民强县专项行动计划"中，支持在优势区域将特色农产品进行有机产业化开发的项目，对这些项目予以支持；国家市场监督管理总局（包括国家认监委）主要是建立国际通行的有机产品认证认可体系，在此基础上进一步持续支持有机产业发展，开展"有机产品认证示范区"创建活动；商务部积极服务企业，扩大农产品出口和拓展有机食品的国内市场。

（3）地方政府：据有关资料统计，自2000年以来，我国共有20个省出台了相关的有机农业扶持政策，其中有13个省出台了省一级的地区性政策。安徽、北京、广西、河北、黑龙江、江苏、江西、宁夏、山东、天津、新疆、云南、浙江等有机产业发展较快的地区，约有78个市和县出台了相关配套政策来扶持有机农业的发展。从政策出台的时间看，基本上从2000年开始，尤其是2005年我国正式发布有机产品国家标准后，有机产业发展支持政策呈现逐年增加的趋势。这些支持政策从形式上可以划分为资金直补、技术支持、金融导向和绩效考核四种类型，其中资金直补型政策的刺激作用最直接也最明显，目前为绝大多数地方政府所采用。如浙江省武义县的扶持政策：农业企业、专业合作社通过有机产品认证奖励 3 万元，到期再认证成功按首次认证奖励金额的 50% 给予奖励。

第二章　有机食用菌生产基地建设

18. 怎样选择有机食用菌生产基地？

有机食用菌生产基地必须符合 GB/T 19630—2019《有机产品　生产、加工、标识与管理体系要求》对基地环境质量的要求，远离城市和工业区以及村庄与交通要道，远离工业污染源、生活垃圾场，无工业三废、畜禽舍等，防止城乡垃圾、灰尘、废水废气及过多人为活动给基地带来污染。周围环境空气清新，水质清洁。具体要求如下：

（1）地势较高且平坦，排灌方便，有饮用水源。

（2）场地周边 5 km 以内无化学污染源，3000 m 内无集市、水泥厂、石灰厂、木材加工厂等扬尘源，1000 m 之内无禽畜舍、垃圾场和死水水塘等危害食用菌的病虫源滋生地，距公路主干线 500 m 以上。

（3）有机食用菌产地与常规食用菌栽培区应设置缓冲带或物理屏障，在存在风险的情况下，则应在有机和常规生产区域设置有效的缓冲或物理屏障，以防止有机生产地块受到污染。

（4）有机野生食用菌采集基地也应满足上述条件。

19. 有机食用菌生产基地对环境有何要求？

（1）有机食用菌生产基地对水质的要求。生产用水应符合 GB 5749《生活饮用水卫生标准》中的规定。该标准规定了水质、水源卫生要求以及水质监测、检验方法。对食用菌生产而言，水中化学物质、重金属含量以及微生物数量直接影响食用菌生产和产品质量，尤其要重点监控。

（2）有机食用菌生产基地对土壤质量的要求。根据食用菌生物学特性，木腐菌类食用菌，如平菇、香菇、金针菇、木耳、毛木耳、秀珍菇、茶树菇、杏鲍菇、白灵菇、斑玉蕈、滑子菇、猴头菇、银耳、灵芝等可采用袋栽或瓶栽，栽培过程中如不进行覆土处理，对生产基地土壤质量无特殊要求，因此，可以免除转换期。

但目前生产中，地栽香菇模式在一些地区仍然存在，覆土或泥墙式栽培在平菇、白灵菇、灵芝、大杯伞、长根菇等食用菌生产中也比较常见。另一方面，草腐菌类食用菌，如双孢蘑菇、姬松茸、褐菇、鸡腿菇、大球盖菇、竹荪、大杯伞，栽培过程中必须进行覆土处理。这些类型的食用菌生产，土壤质量对产品质量产生直接影响。土壤质量要求见表2。

根据 GB/T 19630—2019《有机产品　生产、加工、标识与管理体系要求》，采用覆土方式栽培的食用菌需要转换期管理，转换期时间为播种或排棒前 24 个月。如果新开垦的、撂荒 36 个月以上或充分证据证明 36 个月以上未使用有机食用菌生产规定中禁用物质的生产场地，也应经过至少 12 个月的转换期。如果生产中覆土材料或地面使用了禁止使用的物质，则重新开始转换。

生产实际中，用于食用菌覆土栽培的土壤可以就地挖取，也可以从外地购买，如双孢蘑菇等食用菌栽培常用草炭土做覆土材料。覆土材料与当地土壤无直接关系，则转换期可以免除，但应提供土壤质量检测相关数据，防止土壤中重金属、农残等有害物质含量超标。

表2 农用地土壤污染风险筛选值（基本项目）

单位：mg/kg

序号	污染物项目[a,b]		风险筛选值			
			pH≤5.5	5.5<pH≤6.5	6.5<pH≤7.5	pH>7.5
1	镉	水田	0.3	0.4	0.6	0.8
		其他	0.3	0.3	0.3	0.6
2	汞	水田	0.5	0.5	0.6	1.0
		其他	1.3	1.8	2.4	3.4
3	砷	水田	30	30	25	20
		其他	40	40	30	25
4	铅	水田	80	100	140	240
		其他	70	90	120	170
5	铬	水田	250	250	300	350
		其他	150	150	200	250
6	铜	果园	150	150	200	200
		其他	50	50	100	100
7	镍		60	70	100	190
8	锌		200	200	250	300

a 重金属和类金属砷均按元素总量计。
b 对于水旱轮作地，采用其中较严格的风险筛选值。

（3）有机食用菌生产基地对环境空气质量的要求。有机食用菌基地环境空气质量应符合 GB 3095《环境空气质量标准》的规定（表3、表4）。

表3　环境空气污染物基本项目浓度限值

序号	污染物项目	平均时间	浓度限值		单位
			一级	二级	
1	二氧化硫（SO$_2$）	年平均	20	60	$\mu g/m^3$
		24 小时平均	50	150	
		1 小时平均	150	500	
2	二氧化氮（NO$_2$）	年平均	40	40	
		24 小时平均	80	80	
		1 小时平均	200	200	
3	一氧化碳（CO）	24 小时平均	4	4	mg/m^3
		1 小时平均	10	10	
4	臭氧（O$_3$）	日最大 8 小时平均	100	160	
		1 小时平均	160	200	
5	颗粒物（粒径小于等于 10 μm）	年平均	40	70	$\mu g/m^3$
		24 小时平均	50	150	
6	颗粒物（粒径小于等于 2.5 μm）	年平均	15	35	
		24 小时平均	35	75	

表4　环境空气污染物其他项目浓度限值

序号	污染物项目	平均时间	浓度限值		单位
			一级	二级	
1	总悬浮颗粒物（TSP）	年平均	80	200	$\mu g/m^3$
		24 小时平均	120	300	
2	氮氧化物（NO$_x$）	年平均	50	50	
		24 小时平均	100	100	
		1 小时平均	250	250	
3	铅（Pb）	年平均	0.5	0.5	
		季平均	1	1	
4	苯并[a]芘（BaP）	年平均	0.001	0.001	
		24 小时平均	0.002 5	0.002 5	

20. 有机食用菌生产基地怎样规划?

食用菌生产不同于大田作物种植,生产工艺较长,各个生产环节环环相扣,只有合理规划生产基地,才能为有机食用菌提供良好的生产条件,降低污染率和病虫害发生,实现有机食用菌优质高产。建设有机食用菌生产基地:首先,应清除杂物、杂草,排水系统畅通,地面平整,不积水、不起尘,保持环境卫生;其次,严格划分生产区、生活区和办公区;再次,生产区与原料仓库、成品仓库严格分开,以最大限度减少产品污染的风险。由于木腐类食用菌与草腐类食用菌生物特性不同,生产模式及工艺差异较大,因此,在进行有机食用菌基地布局时应按照两类食用菌的生产工艺要求合理安排。

(1)木腐类食用菌生产区布局

生产区应按照食用菌生产工艺要求布局各功能区,并严格分割杂菌严重区和洁净区,以减少生产过程中杂菌污染与病虫害的发生。

木腐类食用菌生产工艺流程:原料预处理→拌料→装袋(瓶)→蒸汽灭菌→冷却→接种→发菌→出菇。按照工艺相应安排原料预处理区、拌料区、装袋(瓶)区、灭菌间、冷却区、接种区、发菌区、出菇区、菌渣堆放区,使其形成一条流水作业的生产线,以提高生产效率。其中,原料预处理区至灭菌区属于杂菌严重区,从冷却区至接种区属于高度洁净区,发菌区和出菇区属于洁净区。此外,生产基地还应建造分析化验实验室、菌种培养或准备功能区等。

原料预处理区位于原料储备和拌料区之间,该区域需要建造原料预湿场、原料预堆及发酵场。要求水泥地面平整,排水方便。

拌料区与装袋(瓶)相连接,一般安装大型拌料机,采用一级拌料或二级、三级拌料。对于投资规模较小且未安装拌料机的生产场，一般采用人工拌料的方式，要求水泥地面平整，排水方便。

装袋（瓶）区紧邻拌料区，规模化生产基地一般安装装袋机或装瓶机，通过传送带将拌好的原料运至装袋（瓶）机。对于投资规模小的生产基地，若未安装机器，则依靠人工装袋，场地要求用水泥硬化地面，防雨防晒。需要注意的是，拌料区和装袋区也可合并在同一场地安排，但规模化生产基地最好建造隔墙，避免拌料时粉尘较大而影响工人操作和身体健康。

灭菌区要适当远离原料储备场地和拌料场地，要求地面一定要硬化并保持干净，周围绝不允许有破损菌棒久置。此外，灭菌器安装在装料区与冷却区之间，灭菌器进口面向装袋（瓶）区，出口直接与冷却区相连。对于小规模生产基地，一般采用室外常压蒸汽灭菌，要求灭菌场地一定要远离污染源。

冷却、接种区要求高度洁净。生产实践中我们对接种场所有如下要求：①封闭独立，防止无关人员穿行；②投资较大的基地通常安装空气过滤系统，接种区还需要安装接种机（箱）等；③地面、墙壁及房顶干燥光滑，同时密闭性要好，以便于清扫和消毒；④远离原料储备场地及拌料场地；⑤远离垃圾场或其他杂菌污染源。对于一些投资较小的生产基地，无独立冷却区和接种区，而是直接在大棚内放置接种箱或接种帐进行接种，要求接种区域铺放塑料膜或地面清洁，防止扬尘污染，接种箱或接种帐严格消毒，降低菌棒污染率。

发菌区一般指发菌车间、塑料大棚、简易遮荫棚、小树林等。发菌场所环境质量对菌棒生产的成功率影响很大，在生产中往往被大家忽略。清洁干燥、通风良好的发菌场所可促进菌丝健壮生长，大幅度降低菌棒的杂菌污染，提高发菌成功率。对发菌场地的要求最重要的是：良好的通风条件、场所环境要清洁干燥。

出菇区要求周围环境干净，地面平整清洁，排水方便。投资规模较大的生产基地，一般建设专业化菇房，墙体保温效果好，并安装环境控制设备。而投资规模小的生产基地，出菇区建设有温室大棚或普通塑料大棚，有的利用人防工事或山洞栽培，还有的直接在林下栽培。

原料储备区需要建设原料仓库或原料仓储棚，棉籽壳、麦麸、米糠、石膏、石灰等原辅料不应露天存放，防止发霉变质。用量较大的木屑、甘蔗渣、玉米芯等可露天存放，但地面应该硬化，翻堆翻料便于机械化作业，排水方便。

产品包装与储存区位于基地交通方便处，远离原料储备区、原料预处理区和拌料区，以防止污染物影响产品质量。食用菌产品保鲜期短，为了延长产品货架期，一般建造保鲜库，库内温度为 0 ℃ ~4 ℃。产品包装车间应干净卫生，加工、保鲜过程中工作人员应具有健康证，穿着工作衣帽，不应佩戴饰品，直接接触产品的工作人员和器具要清洗消毒。有机食用菌储存库应与其他一般食用菌产品区别开来，若与常规产品共同储存，应在仓库内划出特定区域，并采取必要的包装、标签等措施，确保有机食用菌与常规食用菌产品的识别。

食用菌储藏包装材料自身安全无毒和无挥发性物质产生，质量应符合国家标准的要求。内包装一般使用塑料制品，质量应符合 GB 4806.7《食品安全国家标准　食品接触用塑料材料及制品》的要求；外包装多用瓦楞纸箱或泡沫箱，包装质量应分别符合 GB/T 16717《包装容器　重型瓦楞纸箱》和 GB 4806.7 的要求。建议使用可重复利用、可回收和可生物降解的包装材料。

（2）草腐类食用菌生产区布局

以双孢蘑菇为例，草腐类食用菌生产工艺流程：备料→一次发酵→二次发酵→铺料→播种→发菌→覆土及覆土后管理→出菇→采收。

根据工艺流程，生产基地布局应安排原料堆放区、预处理区、发酵区、育菇区、产品包装与储存区。其中，原料预处理区至一次发酵区属于杂菌严重区，从二次发酵之后属于洁净区。此外，有的投资规模较大的生产基地采用三次发酵的生产模式，则播种的程序安排在二次发酵之后，铺料后直接进行发菌期管理。分析化验实验室、菌种制备区也都是生产基地必备的，菌种制备区应远离堆料区和发酵区。

结合生产工艺及当地的环境条件进行菇场总体布局时，应制定对发酵废水排放、回收和处理的技术措施，并防止因菇场培养料堆制发酵及废弃物处理对周围环境产生不良影响。因此，双孢蘑菇生产基地还应建设废水池及地下排水管道系统。

原料堆放区位于下风口，要求地面平整，排水通畅。双孢蘑菇栽培原料主要是秸秆和禽畜粪，应该分开储存。秸秆用量大，体积大，一般可室外储存，而禽畜粪储存场所最好有顶棚，能遮风挡雨。

预处理区要求地面硬化处理，排水通畅，有的生产基地设置预湿处理槽。

发酵区包括一次发酵区和二次发酵区。投资规模较大的生产基地，一般设置一次发酵槽和二次发酵槽，但对于投资规模较小的农户生产，在菇房中进行或不进行二次发酵。一次发酵区紧邻堆料区、二次发酵区。

育菇区要求环境洁净，远离一次发酵区。一般投资较小的生产基地，采用塑料大棚或砖墙式菇房，生产周期季节性强。对于工厂化生产基地，为了保持育菇区环境洁净，需要对地面进行排水和防潮处理，生产过程中无明显积水点。菇房一般呈"非"字型排列，面积与发酵区生产量匹配，菇房采用夹心保温材料（如聚氨酯双面不锈钢板）建造，内部安装环境调控系统设备和空气过滤网，实现周期化生产。

21. 有机食用菌生产基地怎样维护和管理？

为了确保有机食用菌生产正常运行，防控病虫害发生，必须认真做好生产基地环境的维护和管理。

（1）生产场地应清洁干净，清除杂物、杂草，排水系统畅通，地面平整，不积水、不起尘，保持环境卫生。

（2）生产基地布局符合工艺要求，严格区分污染区和洁净区，以最大限度减少产品污染的风险。

（3）生产区和原料仓库、成品仓库、生活区严格分开。

（4）每个生产周期出菇后及时清理菇房（棚）。对于工厂化生产基地，出菇后的菇房清洗后通过蒸汽进行消毒杀菌、杀虫；对于普通大棚生产，每年生产季后可采取揭膜晒棚、撒石灰等措施对菇棚进行消毒杀菌。

（5）生产过程中污染菌袋（瓶）及生产后的废弃培养基质应及时清理和合理利用，保持生产基地环境干净，实现农业资源循环利用和农业生态体系持续稳定。

22. 什么是平行生产？存在平行生产的食用菌生产基地怎样管理？

平行生产（parallel production）是指在同一生产单元中，同时生产相同或难以区分的有机、有机转换或常规产品的情况。根据 GB/T 19630—2019 的要求，在同一个生产单元（基地）中可同时生产易于区分的有机或非有机食用菌，但该单元（基地）的有机或非有机生产部分（包括地块、生产设施或工具）应能够完全分开，并能够采取适当措施避免与非有机产品混杂或被禁止物质污染。由于食用菌生产周期一般不超过一年，根据 GB/T 19630—2019 中 4.2.2 的规定，有机食用菌不应存在平行生产。

23. 什么是有机食品生产转换期？有机食用菌生产是否存在转换期？

转换期（conversion period）指按照 GB/T 19630—2019 开始管理至生产单元和产品获得有机认证之间的时段。根据 GB/T 19630—2019 中的规定，由常规生产向有机生产发展需要经过转换，经过转换后播种或收获的产品才能作为有机产品销售。生产者在转换期间应完全遵守有机生产的要求。

对于食用菌生产而言，多数木腐菌生产（如金针菇、杏鲍菇、黑木耳、毛木耳、猴头菇、滑子菇等）不需要采用土培或覆土处理，因而无需转换期，可直接进入有机食用菌生产和管理。双孢蘑菇、鸡腿菇、大杯蕈等食用菌，生产过程中必须进行覆土处理，子实体才能正常生长；而平菇、香菇、灵芝、灰树花、大球盖菇等食用菌，有的菇农习惯于采用菌袋直接码放出菇，但也有的菇农习惯于采用覆土栽培方式，易于水分管理，产量较高。根据 GB/T 19630—2019 中的规定，采用覆土或培土方式栽培食用菌，在进行有机产品认证时需要至少 24 个月的转换期。转换期内应按照有机产品标准要求进行管理。

处于转换期的地块，如果使用了有机生产中禁止使用的物质，应重新开始转换。当地块使用的物质是当地政府为处理某种病害或虫害而强制使用时，可以缩短转换期。但应关注使用产品中禁用物质的降解情况，确保在转换期结束之前，土壤中或产品内残留达到非显著水平，所收获的食用菌产品不应作为有机产品销售。

24. 有机食用菌生产基地常用设备设施有哪些？

随着我国食用菌产业的发展，各种品牌的食用菌专用机械如装袋机、粉碎机、接种机、搅拌机等在生产中广泛应用，大大减轻了劳动强度，提高了生产效率。根据食用菌生产工艺，食用菌生产基地常用设备如下。

（1）衡量器具。母种、原种和栽培种或规模化栽培的生产要求不同，需要不同的衡量器具。

①母种生产：常用器具包括天平、台秤、量杯、量筒等，以供称（量）取用量较大的培养料、药品和拌料用水等；

②原种和栽培种生产：常用器具包括磅秤、台秤、粗天平等；

③规模化栽培：常用磅秤等，但目前规模化生产企业一般采用装料车按比例进行配比，也有的企业开展采用自动化配料系统。

（2）原料预处理设备设施。原料预处理设备主要包括果林修枝、木料加工处理所需要的枝条切片机、粉碎机，农作物秸秆加工处理的铡草机等，此外，还需要原料筛料机、输送带、运输车等。

①枝条切片机：常用的有 ZQ-600 型和 MG-700 型两种。其工作原理为：工作时由动力带动皮带轮，经主轴使刀盘旋转，刀盘上装有飞刀，进料口装有底刀。木材由进料口送入，被飞刀切削成木片，由于惯性力和刀盘上风叶的吸抛作用，以及底刀的刀削作用，木片从机体下方出料口迅速抛出。机器使用前应将飞刀调整在同一平面内，飞刀与刀盘平面的距离分别为 4 mm ~ 5 mm（ZQ-600 型）、6 mm ~ 10 mm（MG-700 型），飞刀和底刀的间隙为 0.3 mm ~ 0.8 mm。

②粉碎机：常用木屑、玉米芯粉碎机主要有 9FT-40 型和 9FQS-40 型，除粉碎木片外，也可粉碎作物秸秆和饲料。一般香菇栽培要求木屑粉碎颗粒直径在 14 mm 以下，杏鲍菇生产要求木屑粉碎颗粒直径在 10 mm 以下。

（3）搅拌机。目前多数规模化生产基地采用槽式、双螺旋结构搅拌机。工作时，将原料和水全部放入搅拌机槽内，盖好筒盖，合上离合器，物料在滚筒内做上下翻动及轴向往复运动，以达到均匀混合物料的目的，最后通过自动翻斗机构卸料，一般每小时拌料 800 kg～1000 kg。

自走式拌料机一边搅拌，一边向前推料，连续作业，价格较低，比较经济实用，一般每小时拌料 500 kg。小规模生产厂也使用装料、拌料一体机，但拌料质量和效率较低。

（4）原料分装设备。原料分装设备主要包括装袋机和装瓶机，型号较多，生产基地根据生产规模和生产菇种可选用不同的设备。

目前，小规模生产单位一般常用小型装袋机。生产规模较大的生产基地普遍使用圆形冲压式装袋机，一般每小时生产量可达2 万袋。使用时要注意搅龙套的直径和长度，以适应不同塑料袋规格的需要。

从 20 世纪 90 年代开始，福建漳州从台湾引入了名为"太空包"的生产线（图 3），近年来已得到广泛应用。该生产线可筛料、搅拌、装袋等工序连续作业，日生产 0.5 万袋～2 万袋，生产效率高，劳动强度小，促进了食用菌生产向工厂化、规模化方向发展。目前，全国多个厂家生产此类设备。

自动化装瓶机主要用于金针菇、杏鲍菇、斑玉蕈等瓶栽生产，自动化程度高，自动进料、装瓶、盖盖，然后运用机械手将装料的瓶子自动装入灭菌车。

随着现代科学技术的发展，近年来装料设备不断更新升级，自动化程度越来越高，拌料、传送、装料自动化生产线已应用于生产中（图 4）。

图3　拌料、装瓶生产线　　　　图4　拌料、装料生产线

（5）灭菌设备。食用菌栽培原料分装后需要进行灭菌处理，灭菌设备有高压灭菌锅和常压灭菌锅两大类型。

高压灭菌锅是密闭的耐压金属灭菌容器，也称高压消毒锅（图5）。为食用菌制种和栽培生产中的重要设备。其灭菌原理是水经加热产生蒸汽，在密闭状态下，饱和蒸汽的温度随压力的加大而升高。在常压下，蒸汽温度为100 ℃，而压力达到0.11 MPa时，蒸汽温度可达到121 ℃，从而提高蒸汽对细菌及孢子的穿透力，在短时间内达到彻底灭菌的目的。目前，有一定生产规模的企业均安装大型高压灭菌锅进行培养料的灭菌处理。与常压灭菌锅相比，高压灭菌锅灭菌效果好，灭菌时间短，效率高，但投资成本较高。

大型高压灭菌锅有圆筒式单门灭菌器和柜式高压灭菌锅（图6）等。这些高压灭菌锅由专业厂家生产，使用时要严格按照说明书去操作。

图5　圆筒式高压灭菌锅　　　　图6　柜式高压灭菌锅

此外，制作母种常用小型的高压灭菌锅，以及手提式和立式高压锅。

常压灭菌锅是在 100 ℃ 条件下的灭菌设备，也是我国食用菌生产广泛使用的培养料灭菌设备。一般由两部分组成：一是蒸汽发生器，二是灭菌仓。用砖砌而成或铁皮焊接成柜式灭菌仓［图7a］，也可以在地面码放菌袋，用帆布、苦布上覆盖保温棉被，形成灭菌蒸汽包，其容积大小可根据生产量而定［图7b］。与高压灭菌锅相比，灭菌时间长（需要 24 h 以上），灭菌效果较差，污染率较高，但投资成本低。实际使用过程中还应注意蒸汽发生器（锅炉）的吨位和灭菌仓灭菌量要配套，否则不能达到彻底灭菌的效果。

a）柜式灭菌仓　　　　　　　　b）灭菌蒸汽包

图7　常压灭菌锅

（6）接种、冷却设备设施。常见接种设备有接种箱、超净工作台、接种机等。大规模生产单位建造洁净（百菌级）接种室，并安装专用接种机；母种生产中可使用超净台。小规模生产的农户由于投资有限，菌袋接种通常仿无菌接种室的要求搭建接种帐，菌种生产则采用接种箱或小型接种室。

接种箱有多种形式和规格，医疗器械部门出售的接种箱，结构合理、严密，但价格较高。多数用木材和玻璃自制，自制接种箱的箱门要严密，其他接缝要用腻子或胶条密封。两个圆形的接种手孔可固定上一副套袖，灭菌时，将套袖叠起，封住手孔，接种时，手从套袖内伸进去。箱内顶部安装照明灯和紫外杀菌灯。接种箱通常采用紫外灯照射和杀菌剂熏蒸或喷洒进行杀菌，效果很好。但接种批量小，速度慢（图8）。

超净工作台是一种局部层流（平行流）装置，能在局部造成高洁净度的工作环境。它由工作台、过滤器、风机、静压箱和支承体等组成。室内空气经预过滤器和高效过滤器除尘、洁净后，以垂直或水平层流状态通过操作区，由于空气没有涡流，故任何一点灰尘或附着在灰尘上的细菌，都能就地被排除，不易向别处扩散转移。因此，可使操作区保持既无尘又无菌的环境(图9)。

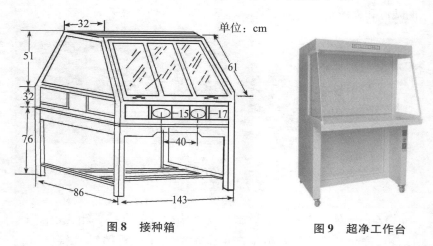

图8　接种箱　　　　　　　　图9　超净工作台

近年来，工厂化、规模化栽培食用菌生产基地一般建设专用冷却室、接种间，冷却室分为预冷间和冷却间，设备设施要求如下：

①冷却室、接种间要求地面平整、干燥、密实，不起砂，无裂纹、耐磨、耐侵蚀，易清洁；墙面整齐干净，无浮尘，如果是金属夹心板墙面要求钢板厚度不小于0.5 mm，与整体充填材料粘贴牢固，无空鼓、脱层和断裂，充填材料应使用难燃或不燃材

料，所有金属件应进行防锈处理。墙面阳角宜做成圆角或≥120°的钝角。

②预冷间各配置 1 台静态空气消毒机，每 30 min 沉降菌 15 个/皿，落菌总数≤600 CFU/m³。动态消毒杀菌，采用上送风、下回风、单流向内循环法的送风方式。只针对空气杀菌净化，对车间温度、湿度及压力无任何影响；设备运行环境：环境温度 −5 ℃ ～ 70 ℃、相对湿度≤70%、大气压力 700 hPa ～1060 hPa。

③冷却间采用集中送风式杀菌设备和制冷设备组合，达到快速冷却且对空气有杀菌净化效果；每 30 min 沉降菌 15 个/皿，落菌总数≤600 CFU/m³。室内空气压力达到正压从中心到边缘 15 Pa ～20 Pa。

④接种间采用集中送风式杀菌设备和制冷设备组合，达到快速冷却且对空气有杀菌净化效果；每 30 min 沉降菌 15 个/皿，落菌总数≤600 CFU/m³。室内空气压力达到正压从中心到边缘 15 Pa ～25 Pa。

⑤进入冷却间、接种间需经过缓冲间，室内压力约 3 Pa。进入接种间需要进行手消毒、风淋，然后方可进入。洁净指标测定依据 GB 50591—2010《洁净室施工及验收规范》执行。

接种帐通常用钢管焊接加盖塑料薄膜搭建，无接种室或接种箱情况下起到替代接种室的作用，投资成本低廉且实用。

接种帐的制作方法：按照接种室大小将塑料膜裁剪好，再按接种室的结构将塑料帐粘接好。其大小可根据生产量而定。使用时，可在一个大房间里或在大棚内，用竹竿临时将塑料帐支撑起来，也可在四个角及中央各拴一根绳索直接吊挂在屋（棚）顶，就是一个塑料膜接种室，消毒灭菌后即可使用。不用时，即可收起来。使用接种帐接种前搬入各种物品（包括工作台或桌子、接种工具、工作服以及需要接种的菌种瓶或料袋等）后，用甲醛熏蒸 30 min，再喷 25% 氨水以中和甲醛气味，然后换上挂在帐内的工作服开始接种。接种帐的优点是成本低、灵活性大、不占地方，也可随时移到合适的地方（如培养室、大棚等）进行接种。

接种用的小型工具（图10）有：

①母种（一级种）分离、接种常用工具：有手术刀、镊子、接种钩、接种铲、接种匙、酒精灯、酒精棉球等。

②原种和栽培种接种常用工具：接种铲、接种匙、酒精灯、酒精棉球等。

③栽培袋接种常用工具：镊子、接种匙、弹簧接种枪等。

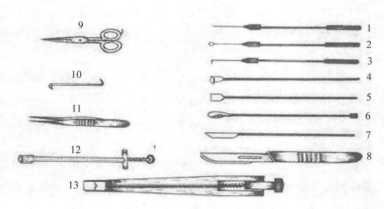

1. 接种针；2. 接种环；3. 接种钩；4. 接种锄；5. 接种铲；
6. 接种匙；7. 接种刀；8. 接种刀；9. 剪刀；10. 钢钩；
11. 镊子；12. 弹簧接种枪；13. 接种枪（日本式）

图10　接种工具

（7）培养设备设施。培养设备是指接种后用于培养菌丝体的设备，如恒温培养箱、恒温培养室以及恒温振荡培养箱、培养架、液体发酵罐等。

恒温培养箱：主要用于母种（一级种）或原种培养。在制作母种和少量原种时，根据需要使温度保持在一定范围内进行培养。常用的电制热升温式培养箱，是由电炉丝和水银接触温度计组合成的固定体积的培养装置，大小规格不一，常用实际培养容积是 800 mm × 850 mm × 1000 mm。随着科学发展的需要，目前有各种结构合理、功能齐全的培养箱，可以克服不良环境条件的限制，达到常年使用、温度恒定的目的。

恒温振荡培养箱：主要用于食用菌液体菌种一级培养（原种）。摇瓶机有往复式和旋转式两种。其中，往复式的结构比较简单，运行可靠，一般城乡农机厂都可制造，因此使用较为普遍。在购买摇瓶机时，应根据不同的食用菌菌种选用相应的振动频率和振幅。

培养架：放置培养菌袋（菌瓶）的架子（简称"培养架"），可以用木、竹、铁或其他硬质材料制作，但最好是用角铁制作。架子的尺寸依据房间的大小、操作方便、利用率高又不影响通风的原则确定。根据栽培菇种不同，培养架制作方式不同，茶树菇等采用层架式（图11），一般高度 2 m ~ 2.4 m，宽度 30 cm ~ 50 cm，层间高度 40 cm ~ 50 cm，长度依培养室空间大小而定。杏鲍菇等采用网格式（图12），网格高度一般可放菌包 20 层左右，宽度按菇房长度而定。此外，工厂化瓶栽食用菌（如金针菇、杏鲍菇、蟹味菇）无需培养架，而是直接用培养框码放（图13）。

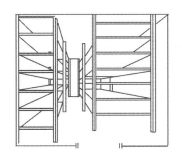

图11　层架式培养架

图12　网格式培养架　　　　图13　直接码放培养

（8）发酵处理设备。对于双孢蘑菇等草腐类食用菌，原料需要进行发酵处理。小规模生产单位一般就地堆料发酵处理，只需要堆料发酵场即可。随着我国经济社会的发展，食用菌投资规模的不断扩大，利用现代工程技术和先进机器设备生产双孢蘑菇已成为趋势。发酵隧道是双孢蘑菇工厂化生产的一项重要设施，隧道建设是双孢蘑菇工厂化高产优质的一项关键技术。发酵处理设备包括原料运输车、铲车、上料机、抖料机等。发酵隧道分一次发酵槽、二次发酵槽，部分生产基地建设有三次发酵槽。

一次发酵槽：通常为开放式发酵设施，安装有抛料机，三面有围墙拢住堆料（图14），一面敞开便于进出堆料，上有防雨棚。发酵槽长 30 m ~ 40 m，宽 6 m ~ 8 m，并安装了风机和风管。通过高压风机（风压 5000 Pa ~ 7000 Pa）定时定量将新鲜空气由风管的喷嘴强制打入料内（供风量 5 m^3/h ~ 20 m^3/h）。发酵槽采用间歇式通气方式，间歇时间根据料温上升需要调整。发酵槽受气候影响小，便于监测氧气流量及调控堆料温度。因此，无论国内还是国外，新建的料场几乎普遍采用发酵槽进行一次发酵。

二次发酵槽：主要用于栽培料巴氏消毒，消灭料中的杂菌和害虫，促进高温有益微生物繁殖生长，进一步分解和转化培养料

图 14　一次发酵槽现场

养分，同时排除培养料内的游离 NH_3，使培养料的综合指标和理化性状更适合双孢蘑菇生长。栽培原料经过一次发酵后使用铲车或通过传送带送入二次发酵槽，二次发酵后栽培料可以移进菇房播种或直接拌入菌种进行三次发酵处理。二次发酵槽是具有保温性能的密闭隧道，其建设要求：①土建设施密封保温，大门严实；②地下 10 cm～15 cm 处铺有风管，风管朝地面设置通气喷嘴；③安装循环风机和翻料设备，增加料中氧气，防止厌氧发酵；④安装温度、氧气、水分、氨气监测设备。

25. 有机食用菌出菇场地设施有哪些类型？

菇房（棚）是室内栽培食用菌出菇场所。依据各地气候条件和投资状况，建设不同类型的菇房（棚）。

（1）砖墙菇房。砖墙菇房目前主要用于栽培双孢蘑菇（图15）、草菇。通常高 5 m～6 m，长 12 m～15 m，宽 8 m～9 m，菇房内设多层菇床，床架摆列与菇房方向垂直，床架间通道两端墙面自上而下 50 cm 开设通风窗口，窗大小为 0.3 m×0.4 m。在菇房中安装用汽油桶制作的简易蒸汽发生炉，用于二次发酵。相对于塑料大棚，这种菇房保湿保温性能好，菇房栽培面积的利用率高。一般菇房内安装菇床层架 10 层～12 层，因此，200 m² 的菇房栽培面积可达 2000 m^2 以上。福建、山东、河南、浙江、江苏、湖南等省均有推广。

图 15　砖墙菇房内栽培双孢蘑菇

（2）日光温室大棚。菇房的类型分为地上式和半地下式日光温室大棚，是当前华北、东北地区食用菌栽培的主要设施，其特点是：主体结构为日光温室，出菇模式采用墙式或层架式（图16），一般北墙高 2.5 m～3 m，南墙高 1 m～1.5 m。北墙为夯实的土墙或砖墙，墙上打 1～2 排通风孔。大棚骨架多采用钢架结构，一般栽培面积 300 m^2～700 m^2，栽培量 1 万袋～3 万袋。

河北石家庄、甘肃河西走廊、辽宁阜新等地采用半地下式日光温室大棚栽培食用菌，取得较好的效果。半地下式菇棚一般为东西走向，棚内净宽 7 m、长 20 m，棚底低于地平面 0.5 m～0.6 m，四周为土垒墙，东西山墙微拱，中脊墙高 2 m，南北墙高 1.7 m，外墙近地面厚 0.9 m、顶厚 0.6 m。菇棚南北墙上各设两排风口，底排风口从棚底斜向地面，上排风口距顶 0.5 m 左右，风口间距 1 m，风口直径 0.3 m，南北两侧风口对应。上覆塑料薄膜。薄膜用压膜线固定，四周围墙上用土袋压牢。半地下式大棚适宜栽培金针菇、双孢蘑菇、杏鲍菇等。

可以通过调整覆盖物、揭膜通风等手段，在一定范围内调整日光温室大棚内温度、光照、通气条件，因此，采用该设施可进行多种食用菌栽培。但由于棚膜和覆盖物保温效果有限，冬季棚内温度低，夜间有时低于 5 ℃；而夏季棚内温度高，尤其是中午，温度可能高于 35 ℃，不适于食用菌生长。因此，日光温室大棚栽培受季节限制，生产者应根据当地气候特点，作出合理的生产规划。

黑龙江东宁等地采用大棚内立体栽培黑木耳方式，大幅度提高了土地利用率，与常规地摆式栽培黑木耳相比，具有环境控制操作方便、省工、省料、产量高、品质优、栽培难度小、周期短、效益高的优点，100 m² 即可栽培 1 万袋以上，产值较普通露天摆放栽培木耳增加 2 倍以上。

a）发菌阶段　　　　　　b）出菇阶段

图 16　日光温室大棚栽培食用菌

（3）竹架式大棚。我国福建、江苏、浙江等南方各省普遍采用竹架式大棚栽培食用菌，如福建漳州栽培毛木耳、福建罗源栽培秀珍菇、四川什邡栽培毛木耳、福建古田栽培茶树菇等。整个大棚采用毛竹建造，棚宽 8 m ~ 10 m，长度根据地块大小而定，顶高 4 m ~ 5 m，拱边高 3.5 m，覆盖农膜和遮阳网以及草帘遮荫，也有的加盖彩钢板顶棚。棚顶设通风口，用于高温季节降温。棚内采用层架式摆放或墙式码放，层数多，空间利用率高。以漳州竹架式大棚栽培毛木耳为例，棚内一个横排安排两个"出耳墙"，每个横排之间留 0.7 m ~ 1.0 m 过道，每排"出耳墙"高 1.8 m ~ 2.2 m，排包 16 层 ~ 18 层。每 667 m² 地可排放 5 万菌包左右，可生产毛木耳（干品）3500 kg 以上，实现产值 10 万元以上。

竹架式大棚优点：投入低，经济耐用（一般可用 3 年 ~ 5 年）；管理较方便，特别是通风管理简单，保温性能较好；遮光性强，高温季节能降温，低温季节能保温。但此类设施一般在毛竹资源丰富的地区搭建，对温、光、水、气调节范围有限，只适于季节性食用菌栽培。

（4）环境自动化控制菇房。通常日光温室大棚和普通砖墙菇房受环境调控限制，不能满足周年生产，产品不能均衡上市。随着科技的进步、食用菌产业的发展，以及资金投入不断加大，食用菌生产设备设施条件得到显著提升，各地投资建设新型环境自动化控制菇房，实现了周年化生产和产品周年供应。

环境自动化控制菇房采用保温材料建造，并安装温度、湿度、通风设备和环境智能化控制系统（图 17）。通过网络连接，将工厂化生产内所有控制元素集中在一台计算机上统一管理，授权人员不仅可以调用和管理任意菇房的资料，而且可根据实用菌生长发育状况进行环境远程调控。目前，该类型菇房主要用于栽培杏鲍菇、金针菇、真姬菇、白灵菇、双孢蘑菇等适于工厂化生产的食用菌。菇房内最大限度地进行立体种植，每平方米栽培面积扩大 20 倍以上，每 667 m² 栽培量达到 9 万包（瓶）~ 10 万包（瓶），一间菇房每年生产 4 ~ 6 周期，实现了食用菌生产的高效运行。

a）杏鲍菇立体栽培　　　　b）金针菇立体栽培

图 17　环境调控菇房

第三章　有机食用菌生产菌种制备及其管理

26. 怎样选择有机食用菌生产菌种？

食用菌品种是指经过人工培育或者对发现的野生食用菌加以开发，具备新颖性、特异性、一致性和稳定性并有适当命名的食用菌品种。食用菌菌种是指经人工培养并可供进一步繁殖或栽培使用的食用菌菌丝体，菌丝体与其生长基质共同组成繁殖材料。菌种是食用菌栽培的基础，品种特征特性和菌种质量直接影响产量、品质和效益，甚至决定栽培是否成功。与普通食用菌生产有所不同，有机食用菌生产除了考虑品种特性和菌种质量外，还应选择有机菌种。因此，有机食用菌生产选择菌种时应注意以下几个方面。

第一，食用菌品种的育种有机化，即不能通过基因工程选育。

根据 GB/T 19630—2019《有机产品　生产、加工、标识与管理体系要求》中关于食用菌生产的要求，应采用有机菌种。如无法获取有机来源的菌种，可以使用未被禁用物质处理的非有机菌种。有机菌种包括两层含义：一是品种的选育符合有机农业的要求，即在生产中不采用基因工程获得的生物；二是菌种生产符合有机农业的要求，即菌种生产过程中不使用有机农业禁用的物质。

目前我国食用菌品种选育主要是利用驯化、杂交和诱变等传统育种手段，但是随着转基因技术的发展，国际上已经开始把转基因技术应用于食用菌育种。基因工程技术又称为转基因技术，是通过自然发生的交配与自然重组以外的方式对遗传材料进行改变的技术，包括但不限于重组脱氧核糖核酸、细胞融合、微注射与宏注射、封装、基因删除和基因加倍。目前我国已经审定、认定或登记的食用菌品种中尚没有转基因品种，但不排除未来转基因食用菌菌种的出现。

第二，菌种的生产有机化，即生产环境和投入品必须符合有机产品生产要求。

有机菌种的生产环境应符合 GB/T 19630—2019 的要求，远离城区、工矿区、交通主干线、工业污染源、生活垃圾场等。除了生产环境之外，生产的投入品也应该符合该标准的要求。有机食用菌菌种生产的投入品主要包括消毒剂和培养基原料，这些投入品应该严格遵守 GB/T 19630—2019 的要求。表 5 中明确规定了允许使用的消毒剂，凡是该表之外的消毒剂禁止使用。在普通的食用菌菌种生产中，接种间和发菌室常用高锰酸钾、甲醛以及很多商品化的消毒气雾剂等消毒剂进行消毒。根据表 5 的规定，在有机食用菌生产中，甲醛和成分不符合的消毒气雾剂都禁止使用。表 6 中明确规定了允许使用的培养基原料，凡是经化学处理或化学合成的物质禁止使用。在普通的食用菌菌种生产中常用的磷酸二氢钾、硫酸镁等试剂都不能用于有机食用菌生产。

表5 清洁剂和消毒剂

名称	使用条件
乙酸（非合成的）	设备清洁
醋	
乙醇	消毒

表 5（续）

名称	使用条件
异丙醇	消毒
过氧化氢	仅限食品级的过氧化氢，设备清洁剂
碳酸钠、碳酸氢钠	设备消毒
碳酸钾、碳酸氢钾	
漂白剂	包括次氯酸钙、二氧化氯或次氯酸钠，可用于消毒和清洁食品接触面。直接接触植物产品的冲洗水中余氯含量应符合 GB 5749 的要求
过氧乙酸	设备消毒
臭氧	
氢氧化钾	
氢氧化钠	
柠檬酸	
肥皂	仅限可生物降解的。允许用于设备清洁
皂基杀藻剂/除雾剂	杀藻、消毒剂和杀菌剂，用于清洁灌溉系统，不含禁用物质
高锰酸钾	设备消毒

表 6　有机植物生产中允许使用的土壤培肥和改良物质

类别	名称和组分	使用条件
I. 植物和动物来源	植物材料（秸秆、绿肥等）	—
	畜禽粪便及其堆肥（包括圈肥）	经过堆制并充分腐熟

表6（续）

类别	名称和组分	使用条件
I. 植物和动物来源	畜禽粪便和植物材料的厌氧发酵产品（沼肥）	—
	海草或海草产品	仅直接通过下列途径获得：物理过程，包括脱水、冷冻和研磨；用水或酸和（或）碱溶液提取；发酵
	木料、树皮、锯屑、刨花、木灰、木炭	来自采伐后未经化学处理的木材，地面覆盖或经过堆制
	腐殖酸类物质（天然腐殖酸，如褐煤、风化褐煤等）	天然来源，未经化学处理，未添加化学合成物质
	动物来源的副产品（血粉、肉粉、骨粉、蹄粉、角粉等）	未添加禁用物质，经过充分腐熟和无害化处理
	鱼粉、是蟹壳粉、皮毛、羽毛、毛发粉及提取物	仅直接通过下列途径获得：物理过程；用水或酸和/或碱溶液提取；发酵
	牛奶及乳制品	—
	食用菌培养废料和蚯蚓培养基质	培养基的初始原料经过堆制处理
	食品工业副产品	经过堆制或发酵处理
	草木灰	作为薪柴燃烧后的产品
	饼粕	不能使用经化学方法加工的
II. 矿物来源	磷矿石	天然来源，未经化学处理，五氧化二磷中镉含量小于或等于90 mg/kg
	钾矿粉	天然来源，未通过化学方法浓缩。氯含量少于60%

表6（续）

类别	名称和组分	使用条件
Ⅱ. 矿物来源	硼砂	天然来源，未经化学处理、未添加化学合成物质
	微量元素	
	镁矿粉	
	硫磺	
	石灰石、石膏和白垩	
	黏土（如：珍珠岩、蛭石等）	
	氯化钠	
	窑灰	未经化学处理、未添加化学合成物质
	碳酸钙镁	天然来源，未经化学处理、未添加化学合成物质
	泻盐类	未经化学处理、未添加化学合成物质
Ⅲ. 微生物来源	可生物降解的微生物加工副产品，如酿酒和蒸馏酒行业的加工副产品	未经化学处理
	微生物及微生物制剂	非转基因，未添加化学合成物质

第三，选择抗病、抗杂菌和抗虫的食用菌品种。

有机食用菌病虫害的防治必须坚持"以防为主，防重于治"的原则。防治应从农业生态系统出发，综合运用各种防治措施，创造不利于病虫害滋生和发生的环境条件。其中选择抗病、抗杂菌和抗虫能力高的品种是预防病虫害的关键。

第四，选择适应当地气候条件和生产季节的食用菌品种。

食用菌栽培属设施农业，影响食用菌生产的主要气候因素是温度。温度对食用菌生产的影响主要包括两个方面，一是温度对菌丝生长的影响；二是温度对子实体分化和发育的影响。不同的食用菌菌丝生长和子实体生长发育对温度的要求也不相同（表7）。同一种食用菌的不同品种对温度的要求也有所不同，尤其是子实体分化和发育对温度要求不同，如香菇按照出菇温度可分为高温型和低温型（表8），如果安排夏季出菇，则应该选择高温型品种。因此，要根据食用菌品种对温度的适应性选择适合当地气候条件和生产季节的食用菌品种。

表7　几种常见食用菌菌种培养温度

单位：℃

名称	菌丝体		子实体	
	生长温度	最适温度	分化最适温度	发育最适温度
双孢蘑菇	6 ~ 33	22 ~ 25	7 ~ 22	13 ~ 16
大肥菇	6 ~ 33	27 ~ 28	20 ~ 24	22 ~ 25
香菇	5 ~ 34	23 ~ 25	8 ~ 21	7 ~ 25
草菇	12 ~ 43	32 ~ 37	27 ~ 31	28 ~ 33
金针菇	4 ~ 34	22 ~ 24	5 ~ 15	6 ~ 14
滑菇	5 ~ 33	20 ~ 25	5 ~ 15	7 ~ 10
平菇	10 ~ 35	24 ~ 27	7 ~ 22	13 ~ 17
黑木耳	5 ~ 35	22 ~ 28	15 ~ 28	18 ~ 24
银耳	8 ~ 34	25 ~ 28	16 ~ 30	18 ~ 23
猴头菌	6 ~ 30	22 ~ 25	15 ~ 20	18 ~ 20
灰树花	14 ~ 30	24 ~ 27	16 ~ 20	18 ~ 21
杏鲍菇	4 ~ 30	23 ~ 27	5 ~ 15	12 ~ 16
白灵菇	4 ~ 30	23 ~ 27	5 ~ 15	11 ~ 15
茶树菇	5 ~ 30	24 ~ 28	8 ~ 22	18 ~ 24

表8 香菇不同品种对出菇温度的要求

香菇品种	温型	接种到出菇的菌龄/d	出菇温度/℃
Cr – 04	中高温型	70	10 ~ 25
申香 15 号	中温型	180	10 ~ 20
申香 16 号	中温型	75	10 ~ 22
香菇 241 – 4	中低温型	150	6 ~ 20
L808	中温型	110	15 ~ 22
武香 1 号	中高温型	80	10 ~ 30
L135	低温型	180 ~ 240	7 ~ 22
庆科 20	中温型	75	10 ~ 22
939	低温型	80 ~ 120	9 ~ 18
9015	低温型	80 ~ 120	9 ~ 18

第五，根据市场需求选择高产优质菌种。

在选择品种时，一定要考虑市场因素。首先，食用菌产品的销售形式包括鲜食产品、干食产品和罐头产品，根据不同市场销售形式选择相应的食用菌品种；其次，根据市场的需求商品特性选择品种，主要包括颜色、形状、大小、口感和味道等。在满足市场需求的基础上，尽量选择高产优质的品种，使有机食用菌生产的效益最大化。

27. 有机食用菌菌种分为哪些类型？

有机食用菌菌种分为固体菌种和液体菌种。固体菌种是用固体培养基培养获得的菌种。固体菌种生产的设备和技术要求低，操作简单，在农业化栽培中应用广泛。固体菌种分为母种、原种和栽培种。母种也称为一级种或试管种，是指经各种方法选育得到的具有结实性的菌丝体纯培养物及其继代培养物。原种也称为二级种，是指由母种移植、扩大培养而成的菌丝体纯培养物。栽培种也称为三级种，是指由原种移植、扩大培养而成的菌丝体纯培养物，一般栽培种只能用于栽培，不可再次扩大繁殖菌种。固体菌种根据培养基原料又可分为琼脂培养基、谷粒种、木屑种、枝条种等。

液体菌种是指采用液体培养基培养获得的菌种，菌丝体在液体培养基内呈絮状或球状，液体菌种既可作为原种，也可作为栽培种。液体菌种具有生产周期短，菌龄整齐，萌发快，自动化和机械化程度高，接种效率高等诸多优点，目前在工厂化生产中被广泛应用。但是由于液体菌种对生产设备和生产技术的要求较高，在农业化栽培生产中尚未得到广泛应用。

28. 制备有机食用菌菌种用什么原料？

制备有机食用菌菌种的原料主要分为三类：一是菌种容器，包括用于母种制备的试管，以及用于原种和栽培种制备的菌种瓶或菌种袋；二是培养基原料，根据不同种类食用菌对营养的不同需求，所需要的培养基原料也不同，大多数种类的食用菌菌种培养基原料主要包括琼脂、葡萄糖、马铃薯、木屑、稻草、玉米粉、麦麸等；三是消毒剂，在有机菌种制备过程中，尤其是接种间和培养室都需要消毒。

有机菌种制备的原料，尤其是培养基原料和消毒剂必须符合GB/T 19630—2019 的要求，表6 规定了允许使用的土壤、动植物、微生物和矿物原料。除此之外，遵照有机农业生产原则，在生产中不采用通过基因工程获得的生物及其产物。目前我国转基因棉花品种栽培越来越广泛，其他的转基因作物也在研究和审批过程中，未来转基因作物越来越多。这些转基因品种的秸秆均不能用于有机食用菌菌种生产，如转基因棉花的棉籽壳和秸秆都不能用于有机食用菌菌种制备。

29. 有机食用菌菌种制备需要准备哪些设备？

有机食用菌菌种制备的设备材料主要包括培养基容器、天平台秤、量杯和量筒、分装器具、拌料机和装袋（瓶）机、高压蒸汽灭菌锅、超净工作台、超净接种室、恒温培养箱和培养室、摇床和发酵罐等。

（1）培养基容器：母种一般用 18 mm×18 cm 或 20 mm×20 cm 的玻璃试管，使用棉塞或透气的硅胶塞封口。原种和栽培种一般用 700 mL～1000 mL 的菌种瓶或者 15 cm × 28 cm 或 17 cm × 30 cm 的塑料袋。菌种瓶一般为玻璃或聚丙烯塑料材质，配备通气盖；菌种袋为聚丙烯塑料袋，配备套环和通气盖。

（2）天平和台秤：天平主要用于母种培养基配制材料的称取；台秤主要用于原种和栽培种培养基材料的称取。

（3）量杯和量筒：主要用于母种培养基配制时液体的量取。

（4）母种培养基分装器具：如果制备少量试管培养基，用试管分装架或医用灌肠杯就足够了；如果制备大量试管培养基，可以使用分装型蠕动泵。

（5）拌料机和装袋（瓶）机：原种和栽培种培养基的主要原料为木屑、麦麸、玉米粉等，如果制作的数量多，为了提高效率和均匀度，需要使用拌料机和装袋（瓶）机。

（6）高压蒸汽灭菌锅：主要用于菌种培养料的灭菌，根据菌种的数量选择合适的高压蒸汽灭菌锅。

（7）超净工作台：广泛应用于母种的接种。超净工作台的原理是通过风机将空气吸入过滤器，将过滤后的空气以垂直或水平气流的状态送出，使操作区域达到百级洁净度，保证无菌操作对环境洁净度的要求。

（8）超净接种室：超净接种室的原理与超净工作台相同，通过过滤后的空气使整个接种室达到百级洁净度，保证无菌操作对环境洁净度的要求。不同的是超净接种间需要配备风淋间和缓冲间。目前超净接种室广泛应用于原种、栽培种以及栽培袋（瓶）的接种工作。

（9）恒温培养箱和培养室：通过控制培养箱和培养室中的温度、湿度和光照，形成菌种培养最合适的环境条件。母种培养一般使用培养箱，而原种和栽培种一般使用培养室。

（10）摇床和发酵罐：对于液体菌种制备来说，还需要摇床和发酵罐。摇床主要用于三角瓶小规模培养液体菌种，发酵罐主要用于大规模生产和制备栽培接种用的液体菌种。

30. 有机食用菌菌种制备的关键技术有哪些？

食用菌栽培区别于普通农作物栽培的一个特点是采用无菌操作技术。特别是食用菌菌种生产过程中，灭菌、消毒和无菌操作技术是菌种制备工艺中的关键技术。有机食用菌菌种与常规食用菌菌种制备工艺基本一致，但具体操作方法略有不同。

（1）灭菌技术。灭菌是指使用物理或化学方法杀灭或除去所有致病和非致病微生物的方法，包括营养体、繁殖体和芽孢等。有机食用菌菌种生产中需要灭菌的材料主要包括培养基和接种钩等直接与菌种接触的物品。常用的灭菌方法主要有火焰灼烧灭菌法、高压蒸汽灭菌法和常压蒸汽灭菌法。

①火焰灼烧灭菌法。火焰灼烧灭菌法指通过火焰灼烧来杀死物品或工具上所有微生物的方法。食用菌菌种制备中常采用酒精灯灼烧接种钩和试管口的方法来灭菌。

由于超净工作台或接种间内无菌风对酒精灯的火焰影响比较大，目前在接种时，经常使用红外接种环灭菌器和玻璃珠灭菌器来代替酒精灯。红外接种环灭菌器和玻璃珠灭菌器不受风的影响，操作更方便。

②高压蒸汽灭菌法。高压蒸汽灭菌属于湿热灭菌，与干热灭菌相比，湿热灭菌具有灭菌温度低、穿透力强、灭菌效果好的特点。因为在湿热条件下，蛋白质容易凝固变性，酶系统容易遭到破坏，并且在湿热灭菌时，蒸汽与物体接触，凝结成水，能释放

潜热增加导热性能，提高灭菌效果。湿热灭菌被广泛应用于食用菌培养基灭菌。湿热灭菌主要包括高压蒸汽灭菌和常压蒸汽灭菌。高压蒸汽灭菌具有灭菌速度快、灭菌彻底的优点，是目前有机食用菌菌种制备中应用最广泛的培养基灭菌方法。

　　高压蒸汽灭菌中，蒸汽温度是随着蒸汽压力的增加而升高的，蒸汽压力与温度的关系见表9。因此，只要增加压力，提高蒸汽温度，需要的灭菌时间就会缩短。但是在使用高压蒸汽灭菌时，如果灭菌锅内的空气排除不彻底，会严重影响灭菌效果。

表9　蒸汽压力与温度的关系

压力		温度/℃	压力		温度/℃
MPa	kgf/cm^2		MPa	kgf/cm^2	
0.007	0.070	102.3	0.090	0.914	119.1
0.014	0.141	104.2	0.096	0.984	120.2
0.021	0.211	105.7	0.103	1.055	121.3
0.028	0.281	107.3	0.110	1.120	122.4
0.035	0.352	108.8	0.117	1.195	123.3
0.041	0.422	109.3	0.124	1.260	124.3
0.048	0.492	111.7	0.138	1.406	127.2
0.052	0.563	113.0	0.152	1.547	128.1
0.062	0.633	114.3	0.165	1.687	129.3
0.069	0.703	115.6	0.179	1.829	131.5
0.073	0.744	116.8	0.193	1.970	133.1
0.083	0.844	118.0	0.207	2.110	134.6

　　食用菌菌种制备常用的高压蒸汽灭菌锅的种类很多，根据形

状和容量分为手提式高压灭菌锅、立式高压灭菌锅和卧式高压蒸汽灭菌锅；根据自动化程度分为手动高压蒸汽灭菌锅、半自动高压蒸汽灭菌锅和全自动高压蒸汽灭菌锅。手动高压蒸汽灭菌锅需要手工放气、手工控制压力和温度、手工排气；半自动高压蒸汽灭菌锅需要手工放气、手工排气，但是可以通过设定的程序自动控制压力和温度；全自动高压蒸汽灭菌锅可以通过设定的程序自动放气、自动控制压力和温度、自动排气。目前半自动高压蒸汽灭菌锅应用最广泛，下面以半自动高压蒸汽灭菌锅为例介绍高压灭菌锅的使用方法和注意事项。

a. 加水。向灭菌锅内加水至标记高度，注意水不能过多，也不能过少，水过多易弄湿棉塞等灭菌材料，水过少易烧干造成事故。

b. 把培养基装入灭菌锅。注意灭菌材料要摆放有序，保持合理间距，不能妨碍蒸汽流通，否则会导致局部温度过低，灭菌不彻底。将灭菌物品摆放完毕之后，在顶部盖两层报纸或牛皮纸，防止锅盖下面形成的冷凝水打湿培养基。

c. 封闭锅盖。注意对称地拧紧锅盖上的螺丝，确保高压灭菌过程中不漏气。

d. 设定灭菌程序。灭菌所需要的具体压力和时间，应根据灭菌物品及灭菌量而定。母种培养基灭菌时，一般需要 0.11 MPa ~ 0.12 MPa 的压力，温度 121 ℃，灭菌 30 min；原种和栽培种培养基灭菌时，通常需要 0.14 MPa ~ 0.15 MPa 的压力，温度 126 ℃ ~ 128 ℃，灭菌时间 1.5 h ~ 2.0 h，培养量不同，需要的灭菌时间不同。

e. 排空气。排除锅内冷空气的方法有两种：缓慢放气和集中放气。缓慢放气是指开始加热时打开放气阀门，随着温度升高，锅内冷空气逐渐排出，当水沸腾后，有大量蒸汽快速喷出时，即可关闭放气阀；集中放气是指当压力升至 0.05 MPa 时，打开放气阀放气，让压力降至零，再排放 5 min ~ 15 min，当有大量蒸汽排出时，关闭放气阀。排空气的步骤中需要注意两个问题：一是注意要用排气阀放气，而不是安全阀，因为排气阀是从灭菌锅的底部放气，而安全阀一般是从灭菌锅的上部放气；二是注意尽量将放气阀的排气管插入水桶的水面以下，收集灭菌锅内放出的水蒸气，避免造成整个环境的湿度过高。

f. 加热灭菌。半自动的高压蒸汽灭菌锅按照预先设定的加热灭菌程序灭菌。

g. 停止加热，缓慢减压。当压力自然下降到零时打开放气阀，缓慢排出残留蒸汽。若人工通过放气阀降压，放气不能太快，否则压力降低太快，会使母种培养基沸腾而溅到棉塞上，使原种或栽培种的塑料袋胀破。

h. 打开锅盖。如果棉塞或袋口潮湿，可以将锅盖打开一半，利用余热将棉塞烘干。

③常压蒸汽灭菌法。常压蒸汽灭菌是利用自然压力下的 100 ℃ 的水蒸气进行灭菌的方法。和高压蒸汽灭菌相比，常压蒸汽灭菌需要的时间更长，一般需要连续 8 h 以上才能彻底杀死培养基内的微生物。由于常压蒸汽灭菌需要消耗更多的燃料和时间，目前在有机食用菌生产中使用得越来越少。

（2）消毒技术。消毒是指使用物理或化学法杀灭或除去病原微生物的方法。消毒和灭菌不同，灭菌是杀死或消除物品和环境中的全部微生物，而消毒只是杀死或消除物品和环境中的部分微生物。有机食用菌菌种生产中需要消毒的场所主要包括接种箱、超净工作台和培养室等菌种操作和培养环境。除此之外，接种操作人员的手在接种之前也需要消毒。常用的消毒方法有紫外线照射消毒、脉冲强光灯消毒和化学消毒。

①紫外线照射消毒。紫外线按照波长分为近紫外线 UV-A （320 nm ~ 400 nm）、中紫外线 UV-B （290 nm ~ 320 nm）和远紫

外线 UV-C（190 nm～290 nm）。远紫外线 UV-C 被广泛应用于消毒。因为细菌中的脱氧核糖核酸（DNA）、核糖核酸（RNA）和核蛋白吸收紫外线的最强峰在 254 nm～257 nm，细菌吸收紫外线后，引起 DNA 链断裂，造成核酸和蛋白的交联破裂，杀灭核酸的生物活性，致细菌死亡。

由于紫外线的穿透力差，不易透过固体物质，即使是一层透明的玻璃也会挡掉大部分紫外线，所以紫外线照射消毒只适用于物品表面消毒和空气消毒。常用于接种箱、超净工作台、接种室和培养室的消毒。常用的 20 W～40 W 紫外灯的有效消毒距离为1 m～2 m，因此在利用紫外灯对接种室和培养室消毒时，要根据有效距离合理确定紫外灯的安装位置和数量。一般在接种前照射20 min～30 min 就可以达到消毒效果。

②脉冲强光灯消毒。脉冲强光是利用瞬间放电的脉冲工程技术和特殊的惰性气体灯管，以脉冲形式激发强烈的白光，光谱分布近似太阳光。脉冲强光产生极高峰值的脉冲光，其波长由紫外线区域至近红外线区域，杀菌作用主要依靠紫外线，其他波段具有协同作用。脉冲强光能彻底破坏微生物的核酸结构，因而对多数微生物有致死作用。脉冲强光灯与传统的紫外灯相比，具有穿透力强、消毒时间短、消毒效果高的优点。脉冲强光消毒技术目前已经应用于食品消毒领域。由于其显著的优点，脉冲强光消毒技术在接种室和培养室消毒中具有广阔的应用前景。

③化学消毒。利用化学试剂来消毒的方法称为化学消毒。化学消毒是食用菌生产中最常用的消毒方法，在有机食用菌生产中，GB/T 19630—2019 明确规定了允许使用的消毒剂（表5）。有机食用菌菌种制备常用的消毒剂和使用方法见表10。

表10　有机食用菌菌种制备常用的消毒剂和使用方法

消毒剂	使用浓度	应用范围
乙醇	75%	手消毒，工作台表面消毒
高锰酸钾	0.1%～0.2%	工作台面消毒，接种室和培养室地面消毒
漂白粉	2%～5%	接种室和培养室地面消毒

（3）无菌操作技术。无菌操作是指在整个操作过程中利用或控制一定条件，使产品避免被微生物污染的一种操作方法或技术。无菌操作是食用菌菌种制备的关键技术，不论是母种还是原种和栽培种的接种都需要严格按照无菌操作技术进行，否则会导致菌种污染。因此无菌操作技术是每个接种人员必须掌握的基本技术。

无菌操作的准备工作尤其重要，包括环境清洁、工具准备、培养基码放、全面消毒、人员卫生与消毒等。准备工作做好之后，才能开展无菌操作。

环境清洁：在无菌操作的前一天对地面、墙面和台面等进行全面清洁，并用75%酒精对台面进行初步消毒，用0.1%高锰酸钾溶液或3%漂白粉溶液对地面进行消毒。

检查准备工具和码放培养基：无菌操作过程中人员不得进出，因此需要提前将无菌操作需要的接种工具和培养基等准备齐全，并摆放在合适的位置，便于操作。

环境消毒：用紫外灯对接种室的环境进行全面消毒，一般在接种操作之前用紫外灯照射20 min～30 min。

人员卫生与消毒：接种人员应注意个人卫生，进入接种室之前换好清洁的工作服和工作帽，进入接种室后，在无菌操作之前用75%酒精对双手进行消毒。

无菌操作方法：无菌操作需要注意两个方面。一是与菌种或培养基接触的所有物品和工具必须是无菌的，接种钩可以通过火焰灼烧来灭菌，并在火焰附近冷却后接种；二是菌种暴露的环境必须是无菌的，可以通过让菌种的试管口或瓶口以及接种块位于酒精灯火焰附近，或整个无菌操作在超净工作台上进行来实现。

31. 有机食用菌母种的生产工艺是怎样的？

目前，食用菌菌种一般按母种、原种和栽培种三级生产。母种可以扩繁制备母种，母种也可以接种生产原种。生产单位购买或分离的母种数量有限，为了满足生产的需要，就要对母种进行扩大繁殖。母种扩大繁殖时需要对生产技术和菌种质量进行严格控制，尽量避免由于菌种变异和菌种退化对生产造成损失。

母种生产工艺流程：培养基配制→培养基分装→培养基灭菌→培养基冷却→灭菌效果检查→无菌操作接种→菌种培养→菌种质量检查。

（1）母种培养基配制。母种培养基主要是为食用菌菌丝生长提供营养，不同种类的食用菌对营养的需求不同，因此其培养基的配方有所差异。与普通食用菌菌种制备不同，有机食用菌母种培养基的制备还要考虑其所有的投入品必须符合 GB/T 19630—2019 的相关要求，只能使用表 6 中明确规定的允许使用原料。

有机食用菌母种常用培养基配方如下：

①马铃薯葡萄糖琼脂培养基（PDA）。马铃薯（去皮）200 g（煮汁过滤），葡萄糖 20 g，琼脂 20 g，水 1000 mL，pH 为自然值。该培养基广泛适用于多种食用菌母种。

②玉米粉蔗糖培养基。玉米粉 40 g（煮汁过滤），蔗糖 10 g，琼脂 20 g，水 1000 mL，pH 为自然值。该培养基适用于多种食用菌母种。

③马铃薯葡萄糖酵母粉蛋白胨琼脂培养基。马铃薯（去皮）200 g（煮汁过滤），酵母粉 2 g，蛋白胨 2 g，葡萄糖 20 g，琼脂 20 g，水 1000 mL，pH 为自然值。该培养基适用于白灵菇和杏鲍菇的母种。

④堆肥浸汁蔗糖琼脂培养基。堆肥（干）100 g（切碎煮汁），蔗糖 15 g，琼脂 20 g，水 1000 mL，pH 为自然值。该培养基适用于双孢蘑菇母种。

⑤稻草培养基。稻草（切碎煮汁）200 g，葡萄糖 20 g，蛋白胨 2 g，琼脂 20 g，水 1000 mL，pH 7.5～8.0。该培养基适用于草菇母种制备。

⑥麦芽粉琼脂培养基。麦芽粉 30 g，琼脂 20 g，水 1000 mL，pH 为自然值。该培养基适用于多种食用菌母种。

母种培养基配制的基本流程：选择配方，计算和称量各种成分，煮汁过滤，加入其他药品溶解并定容。

根据食用菌种类选择合适的配方，然后根据制作培养基的数量计算和称量各种成分。

马铃薯的煮汁过滤步骤：选择健康的马铃薯去皮，切成 1 cm 见方的小块或 2 mm 厚的薄片，加 1200 mL 水煮沸，再用文火保持 20 min～30 min，并适当搅拌，使营养物质充分溶解出来，然后用 4 层或 8 层预湿的纱布过滤取汁。

玉米粉的煮汁过滤步骤：将玉米粉煮沸 1 h，先用 1 层预湿的纱布过滤，再用 8 层预湿的纱布过滤取汁。在滤汁中加入其他药品溶解，补足水定容至 1000 mL。加入琼脂，小火加热，不断搅拌，直到琼脂溶化。溶解琼脂的过程中要不断搅拌并注意控制火力，防止溢出和焦底。

（2）培养基分装。使用试管分装架或分装型蠕动泵，将配制好的培养基趁热分装到试管中。分装试管时需要注意两个问题：一是培养基的分装量控制在试管长度的 1/5～1/4，原则上是摆放成斜面后，斜面长度是试管长度的 1/2～2/3，避免由于培养基离试管口距离太近导致污染增加；二是在分装的过程中，培养基不能粘到试管口或管壁上，否则会增加污染率。

分装完毕后，塞上棉塞或透气的硅胶塞，每 3 支或 7 支试管一捆，用两层报纸或一层牛皮纸将试管上半部分包裹，防止灭菌过程中将试管塞弄湿，增加污染率。

（3）培养基灭菌。母种培养基采用高压蒸汽灭菌，一般需要0.10 MPa～0.11 MPa 的压力，温度 121 ℃，灭菌 30 min。

（4）摆斜面冷却。高压蒸汽灭菌锅的压力降至零之后，打开放气阀缓慢放气，打开锅盖，取出试管，趁热将灭菌后的试管培养基摆成斜面，让其自然冷却。如果室温较低，培养基和环境的温差大，会形成大量的冷凝水，为了减少冷凝水，试管培养基在灭菌锅内缓慢冷却到 50 ℃左右时（琼脂培养基的凝固温度大约为 40 ℃），再取出来摆斜面。

（5）灭菌效果的检查。刚制作的母种培养基不宜立即使用，一般需要放置 3 d 后再使用。一是需要对灭菌效果进行检查，二是利用 3 d 时间蒸发以减少母种培养基试管壁上的冷凝水，冷凝水太多会增加接种操作的污染率。随机抽取灭菌锅内不同部位的试管培养基，于 28 ℃～30 ℃条件下培养 3 d，如果试管内没有长出杂菌，说明培养基灭菌彻底。

（6）无菌操作接种。有机食用菌菌种的接种过程必须严格按照无菌操作技术的步骤执行。母种的接种一般在超净工作台上进行，接种之前，用 75% 酒精擦拭台面进行初步消毒；把工具和母种培养基提前在超净工作台内摆放好，打开空气过滤器，开紫外灯消毒 20 min～30 min；把用于接种的母种放入超净工作台；接种人员穿戴好工作服，用 75% 酒精擦手消毒；用酒精灯或接种环灭菌器对接种钩灭菌；待接种钩冷却后，打开试管，将试管口用酒精灯或接种环灭菌器消毒；用接种钩钩取 2 mm～3 mm 的接种块，小心地放到新鲜培养基的中央；塞上试管口。

应当注意，在整个操作过程中，试管口和接种块始终保持在酒精灯或接种环灭菌器火焰的附近，动作要轻盈迅速，一气呵成，接种块不能粘到试管口或试管壁上。

（7）菌种培养。接种好的母种一般置于恒温培养箱内培养，培养过程中需要注意温度、光照和湿度三个方面。一般菌种的培养温度要比最适生长温度低2℃~3℃，这会使菌丝更健壮，长势会更好；低温培养还能减少金针菇等菌丝产生无性孢子的数量。母种菌种一般采用避光培养，避光培养使菌种的长势更好。菌种培养室的相对湿度尽量控制在70%以下，防止因潮湿而污染菌种。在培养过程中还要注意检查是否有污染，一旦发现污染应及时剔除，避免杂菌的传播。

（8）菌种质量检查。菌种长满后，在使用之前应对菌种质量进行检查。首先，检查菌种是否有污染，木霉和脉孢霉等可以通过孢子的颜色很容易发现；细菌的菌落一般较小，没有明显的颜色，则需要对着灯光仔细检查。其次，检查培养特征与该品种的原来培养特征是否一致，培养特征主要包括菌丝生长速度、菌落颜色、菌落边缘形状、菌丝长势、产生无性孢子的数量等。

优质母种的标准：①无杂菌污染，反面观察无杂色斑块；②菌落平整，菌丝洁白浓密、健壮，气生菌丝量多；③菌丝不老化变色，培养基不萎缩失水；④菌龄适宜。

32. 有机食用菌原种和栽培种是怎样制备的？

原种是由母种移植、扩大培养而成的菌丝体纯培养物，主要用来制作栽培种，也可以直接接种制作栽培袋。而栽培种是由原种移植、扩大培养而成的菌丝体纯培养物，主要用来接种制作栽培袋。原种和栽培种的制作技术相似，区别是原种使用母种接种生产，而栽培种使用原种接种生产。

原种和栽培种生产工艺：配方确定→原料配比→拌料→分装袋（瓶）→灭菌→接种→培养→菌种质量检查。

（1）原种、栽培种常用培养基种类及配方

①谷粒培养基：小麦粒（或用大麦粒、燕麦粒、高粱粒）

98%，石膏粉（或碳酸钙粉）2%，pH 为自然值。谷粒使用前提前 12 h 清水浸泡，捞起后煮至无谷粒白芯，但千万注意不能煮烂。该培养基适用于多种食用菌的原种，以及双孢蘑菇的栽培种。

②木屑培养基：阔叶树木屑 78%，米糠（或麦麸）20%，石膏粉（或碳酸钙粉）2%，pH 为自然值，含水量 60%。该培养基适用于香菇、木耳等多种木腐型食用菌的原种和栽培种。

③枝条菌种培养基：采用大小为 0.3 cm × 0.5 cm ×（20 cm × 25 cm）粗糙枝条，使用前放入石灰水中浸泡 24 h ~ 36 h，取出后粘上玉米粉或麦麸，直接装入塑料袋中进行灭菌处理。也可以在枝条中加入木屑培养基填充物。该培养基适用于杏鲍菇、平菇等多种木腐型食用菌栽培种。

④玉米芯培养基：玉米芯 78%，麦麸 20%，石膏粉（或碳酸钙粉）2%，pH 为自然值，含水量 65%。玉米芯使用前应提前 12 h ~ 24 h 预湿。该培养基适用于黑木耳、平菇等多种食用菌。

⑤粪草培养基：腐熟麦秆或稻秆（干）450 kg，腐熟牛粪粉（干）450 kg，饼肥 17 kg，天然来源的钙镁磷肥 40 kg ~ 50 kg，石灰 10 kg，含水量 62% ±1%，pH 7.5。该培养基适用于双孢菇、鸡腿菇、草菇、姬松茸等草腐菌原种或栽培种。

（2）原料配比。确定培养基配方后，根据需要制作的原种或栽培种数量，计算并称取相应的培养基原料，并搅拌均匀，使用搅拌机效率更高，更均匀。

在原种和栽培种培养基配制时需要注意三个方面的问题：一是对于麦粒、木屑和棉籽壳等颗粒较大的原材料，拌料前需要提前浸泡或预湿，确保颗粒内部泡透或湿透，否则灭菌不彻底，增加污染率；二是一定要把培养料搅拌均匀，否则影响菌丝生长；三是根据培养原料的种类合理调节含水量，因为木屑、玉米芯和甘蔗渣等不同材料的持水性不同，含水量也有差异，传统上以用手紧握培养料有水从指缝渗出但不成滴为宜，一般玉米芯培养料的含水量要比木屑的高一些。

（3）培养基分装。原种和栽培种使用的容器是 700 mL ~ 1000 mL 的菌种瓶或菌种袋。手工分装或机器分装，分装时注意四个问题：一是装料量要适度，不能过满；二是装料的松紧要均匀适度；三是装好之后，保持外壁和口内侧清洁；四是在料中央打一个直径 1.5 cm ~ 2.0 cm 垂直的洞。打洞的目的是有利于通气，便于接种。

（4）培养基灭菌。培养基分装好之后立即灭菌，采用高压蒸汽灭菌，在 0.14 MPa ~ 0.15 MPa 压力下灭菌 2 h ~ 2.5 h。

（5）无菌操作接种。待培养基冷却后就可以进行接种，接种时一定注意无菌操作。无菌操作与母种相似，不同的是利用原种接种生产栽培种时，因为接种块较大，一般使用镊子或勺子来操作。

（6）菌种培养。原种和栽培种的数量一般较大，需要在培养室内培养。与母种相似，需要注意避光控制温度和湿度，培养温度要比最适生长温度低 2 ℃ ~ 3 ℃，空气相对湿度控制在 70% 以下。除此之外，还应注意培养室的通风，保持培养室内空气新鲜，有充足的氧气供菌种生长。由于原种和栽培种在生长过程中释放热量，因此在菌种摆放时注意保持合理间距，有利于散热通风。

在原种和栽培种培养过程中要每天检查和记录菌种的生长和污染情况，发现污染的菌种，立即淘汰。

（7）原种质量检查。菌种长满容器，需要检查菌种质量。与母种菌种质量检查相似，首先是检查菌种是否有污染；其次是检查培养特征与该品种的原来培养特征是否一致。一般来说，判断优质原种或栽培种的标准为：①无杂菌污染；②菌丝洁白，无斑块，不变色，不出黄水；③菌丝粗壮，生长势强；④菌丝活力强，转接到新的培养基上后吃料快；⑤培养基饱满，不萎缩；

⑥菌龄适宜，最好长满后立即使用。

33. 有机食用菌液体菌种生产工艺是怎样的？

液体菌种具有生产周期短、菌龄整齐、萌发快、自动化和机械化程度高、接种效率高等诸多优点，目前在食用菌生产中的应用越来越广泛。液体菌种的基本生产流程为：试管或培养皿母种→三角瓶液体菌种→发酵罐菌种→栽培袋（瓶）。

（1）常用的液体菌种培养基配方

①玉米豆粕培养基：玉米粉 30 g，豆粕 10 g，蛋白胨 1 g，葡萄糖 10 g，水 1000 mL，pH 为自然值。该培养基适用于多种食用菌。

②马铃薯麦麸培养基：马铃薯 100 g，麦麸 20 g，蛋白胨 1.5 g，蔗糖 10 g，水 1000 mL，pH 为自然值。该培养基适用于多种食用菌。

（2）培养基的制备。以玉米豆粕培养基为例介绍液体培养基的制作。

根据配方称取玉米粉 30 g，豆粕 10 g，加 1200 mL 水煮沸，文火继续沸煮 20 min，用双层纱布过滤，将滤液加水定容到 1000 mL，加入 1.5 g 蛋白胨，10 g 蔗糖，充分溶解后分装在 500 mL 的三角烧瓶中，每瓶装入量 200 mL，并加入 5 粒～10 粒小玻璃球，瓶口用棉塞和牛皮纸密封。

（3）高压蒸汽灭菌。一般需要 0.10 MPa～0.11 MPa 的压力，温度 121 ℃，灭菌 30 min。

（4）接种培养。灭菌后的培养基，待温度冷却至 25 ℃ 以下，在超净工作台内无菌条件下接种。每个摇瓶投入约 2 cm 的斜面菌种后，置于摇床上振荡培养，振荡频率为 80 次/min～100 次/min，振幅为 6 cm～10 cm，摇床室的温度控制在 23 ℃～25 ℃，培养 72 h～96 h。

（5）摇瓶菌种质量检查。培养结束时，培养液清澈透明，其中悬浮大量的小菌丝球，并伴有各种菇类特有的香味。如果培养液浑浊，或有异味，大多是细菌污染所致。

（6）发酵罐灭菌。液体培养基装罐前，将发酵罐在压力 0.13 MPa～0.15 MPa、温度 121 ℃ 条件下灭菌 2 h，装入液体培养基后，在相同条件下再继续灭菌 40 min。

（7）液体菌种深层培养。待发酵罐液体内部温度冷却至 25 ℃ 以下，打开培养室内紫外灯，照射 40 min，进行空间消毒。消毒结束后，在酒精火焰圈无菌条件下打开发酵罐接种口，将培养后的摇瓶菌种接种到发酵罐内。关闭接种口，发酵罐内培养温度设定为 23 ℃～25 ℃，发酵培养 3d 即可使用。

（8）菌种质量检查。液体菌种一旦污染，造成的生产损失要比固体菌种更严重。在培养过程中，每天取罐内液体一次，在显微镜下观测有无杂菌感染，若发现污染，尽早处理。

34. 有机食用菌菌种制备注意事项有哪些?

有机食用菌菌种制备的目的是为有机食用菌生产提供足够的高质量有机菌种。制备过程中需要注意四个方面的问题：

（1）使用有机菌种接种制备母种、原种或栽培种，如果购买不到有机菌种，可以使用普通菌种来转接生产，但使用的菌种必须是非转基因品种。制备有机菌种的所有投入品必须满足 GB/T 19630—2019 的要求，包括消毒剂和培养基原料，尤其是培养基原料不能使用转基因作物的秸秆。

（2）有机食用菌菌种在培养基制备、菌种转接、培养等各环节要严格控制杂菌污染。保证菌种的纯度是食用菌生产中的基本原则，一旦使用污染的菌种，将会给有机食用菌生产造成严重损失，甚至导致整个生产的失败。

（3）有机食用菌菌种生产的各个环节严把质量关，确保有机食用菌菌种的质量，每批菌种在使用前要进行质量检测，确保所用的菌种质量符合母种、原种和栽培种相应的菌种质量要求，并且菌种的特性要与该品种原本特性一致。

（4）使用的品种来源清楚，品种特性明确，最好在规模化有机食用菌生产之前进行品种试验，确保品种特性符合要求，切不可盲目引种，造成不必要的损失。

35. 有机食用菌菌种如何维护和保藏？

有机食用菌菌种的维护和保藏方法主要包括继代培养保藏法、继代培养低温保藏法、液氮保藏法。

（1）继代培养保藏法。继代培养保藏法指母种长满之后，重新接种到新鲜的培养基上继续培养，循环重复，每次复核菌种质量和菌种特性。继代培养保藏法是生产上常用的菌种维护和保藏方法，其优点是操作简单，不需要特殊的设备，有利于保持菌种的活性；缺点是菌种容易变异退化，在菌种质量检查和品种特性复核时，一旦发现菌种变异或退化，需要立即更换菌种。

（2）继代培养低温保藏法。为了降低菌种生长代谢速率，延长保藏时间，控制菌种的变异和退化，将培养好的菌种放置到4 ℃左右的冰箱或冷库中进行保藏，每3~6个月转接更新一次，即为继代培养低温保藏法。其优点是延长了保藏时间，但是每次在使用之前需要进行菌种活化，以确保菌种恢复到最佳活性状态，转接后能更快地萌发和生长。

在继代培养低温保藏法中，如果使用木屑培养基、粪草培养基，菌种长满后，用石蜡将试管口密封，不仅有利于保持菌种降解木质素和纤维素的能力，还可以延长菌种保藏时间1年~2年。

草菇母种放在15 ℃~20 ℃温度下保藏不超过3个月，20 ℃~35 ℃温度下存放不超过48 h。原种和栽培种菌丝长满袋（瓶）后，应置于清洁、干燥通风（空气相对湿度30%~70%）、避光的室内，在28 ℃~32 ℃储存不超过5 d，而在15 ℃~20 ℃温度下不超过15 d。

（3）液氮保藏法。液氮保藏技术是将菌种块装在专用的液氮冻存管中，加入 10% 的甘油作为保护剂，保藏在液氮罐的液相或汽相中。在 $-196\ ℃ \sim -150\ ℃$ 条件下，菌种的生长代谢完全停止，有效地防止了菌种变异和退化的可能。液氮保藏法是目前最理想的菌种保藏方法。但是液氮保藏法需要专用的设备，并且需要定期补充液氮，成本较高。目前该方法主要在专业的菌种保藏中心使用，生产中使用得比较少。液氮保藏的菌种在使用之前，需要转接活化 2 次 ~3 次，以确保菌种恢复到最佳活性状态。

第四章　有机食用菌生产投入品及其管理

36. 有机食用菌生产投入品有哪些？

有机食用菌生产投入品主要包括菌种、栽培原料、水、覆土材料、塑料菌袋或菌瓶以及病虫害防治用药、环境消毒用品等。菌种已在第三章进行了详细介绍，本章将对栽培过程中其他投入品进行介绍。投入品种类和质量直接影响有机食用菌产品的产量和质量，因此，严格选择和控制投入品使用对于有机食用菌生产至关重要。

37. 有机食用菌生产投入品怎样选择？

根据有机农业的生产标准，有机食用菌生产过程中的投入品首先应遵循以下四个原则：

一是环境保护的原则。有机食用菌生产中选择并在生产过程中使用投入品，不应该产生或导致对生态环境的影响或污染。

二是有利于人类健康的原则。有机食用菌生产中选择的投入品不应该具有致癌、致畸、致基因突变或神经性毒性的作用。

三是自然产物利用原则。有机食用菌生产投入品不应为化学合成品，一般来源于：①有机物（植物、动物、微生物）；②矿物和等同于天然物质的化学合成物质。

四是有机食品标准的原则。有机食用菌生产投入品质量应符合 GB/T 19630—2019 的要求，并不得使用该标准规定的禁用物质。有机食用菌生产中选择并在生产过程中使用的投入品，不应该直接或间接影响产品质量。

除此之外，遵照有机农业生产原则，在生产中不能采用基因工程获得的生物及其产物。因无法预测转基因技术对人类健康、食品安全和环境的长远影响，所以转基因产品在有机生产全过程中不得使用。目前我国转基因棉花品种栽培越来越广泛，其他的转基因作物也在研究和审批过程中，未来转基因作物越来越多。这些转基因品种的秸秆、皮壳均不能用于有机食用菌栽培生产，如来源于转基因棉花的棉籽壳、棉秆均不能用于有机食用菌栽培。

38. 有机食用菌生产原料对质量有什么要求？

食用菌生产的主要原料是农林副产物，栽培种类不同，所用的原料也不同。

目前，木腐食用菌类栽培的主要原料为木屑、果枝、棉籽壳、玉米芯、甘蔗渣、麦麸、米糠、玉米粉以及各种农作物秸秆、皮壳等，草腐类食用菌栽培则一般以稻草、麦秸以及畜禽粪经发酵处理后作为栽培基质。根据 GB/T 19630—2019 的要求，应使用天然材料或有机生产的原料作为食用菌栽培基质。

木材砍伐后经粉碎处理可直接用于食用菌栽培，但经化学产品处理的木材不能用于食用菌生产。来源于木材加工厂或家具厂的锯木屑，因木屑来源不清，可能含有油污、胶黏剂、甲醛等，不应作为有机食用菌栽培原料。

玉米芯、甘蔗渣、麦麸、米糠、玉米粉以及农作物秸秆等应来自有机农场，不应该来源于有污染的农田和转基因（基因工程）植物及其产品。

畜禽粪应来自有机农场，当无法得到有机生产的动物粪便时，需要经过发酵处理，其用量不超过基质干重的 25%，且不应该含有人类尿或集约化养殖场的畜禽粪便。

棉籽壳通常在平菇、茶树菇、秀珍菇等栽培中用量较多，生产中应选择非转基因棉花加工的棉籽壳。由于转基因棉花种植广泛，建议棉籽壳和棉秆不作为有机食用菌生产的主要原料。

39. 有机食用菌生产对覆土材料有何要求？

草腐类食用菌包括双孢蘑菇、鸡腿菇、姬松茸等，在生产过程中需要进行覆土操作才能确保正常出菇。用于食用菌生产的覆土材料应具有良好的团粒结构，吸水性和保水性强，含有适量腐殖质，不带病菌和害虫卵。黏性大的土壤可添加适量煤渣颗粒和稻壳调和，增加团粒性，避免板结。

覆土材料通常就地使用，也可以使用未经化学处理的泥炭、草炭。但无论就地使用的土壤还是草炭和泥炭，土壤质量均应符合 GB 15618—2018《土壤环境质量　农用地土壤污染风险管控标准（试行）》最新标准中二类土壤的要求。

40. 有机食用菌对生产用水有什么要求？

有机食用菌生产用水主要包括培养基制备过程中用水，出菇期间用水，以及环境清洁用水。此外，高温季节，为了防止出菇环境温度过高，还需要用水降温。水质直接影响产品质量，用水质量要求应符合 GB 5749《生活饮用水卫生标准》。

木腐菌培养基制备过程中用水量一般为原料的 1.2 倍 ~ 1.4 倍，而草腐菌（双孢蘑菇、草菇等）用水量更大，需要原料进行浸泡或预湿处理。因此，生产基地应有足够的水源，保证每天有新鲜洁净的水供应。

做好排水，确保水的质量。在用水过程中，如地面清洁用水、原料预湿过程用水，水量较大，废水应该及时排出，并设置专用污水处理系统，防止清洁水源被污染。

节约用水，循环利用水源。在原料预湿过程中，流出的水可以循环进行预湿处理，如大型双孢蘑菇生产基地，一般建立发酵废水排放、回收和处理措施，节约用水，同时防止因菇场培养料堆制发酵及废弃物处理对周围环境产生不良影响。

41. 有机食用菌生产对添加剂有何要求？

根据 GB/T 19630—2019 中 4.4.4 的要求，有机食用菌生产过程中可以使用表 11 中农业来源、天然矿物来源或微生物来源的物质，不应使用石油炼制的涂料、乳胶漆或石蜡进行封口。

表 11　有机食用菌生产允许使用的添加剂种类

类别	名称和组分	使用条件
I. 植物和动物来源	植物材料（秸秆、皮壳）	
	畜禽粪便及其堆肥	经过堆制并充分腐熟
	畜禽粪便和植物材料的发酵产品	
	海草或海草产品	仅直接通过下列途径获得：物理过程，包括脱水、冷冻和研磨；用水或酸和（或）碱溶液提取；发酵
	木材、树皮、锯屑、木灰、木炭及腐殖酸类物质	未添加禁用物质，经过堆制或发酵处理
	食用菌培养废料和蚯蚓粪	经过堆制
	豆制品、酿酒等食品工业副产品	经过堆制或发酵处理

表 11（续）

类别	名称和组分	使用条件
Ⅰ. 植物和动物来源	草木灰	作为薪柴燃烧后的产品
	泥炭	天然产品
	饼粕	不能使用经化学方法加工后的产品
Ⅱ. 矿物来源	磷矿石	天然来源，镉含量≤90 mg/kg
	钾矿石	天然来源，未经化学处理、未添加化学合成物质
	硼砂	
	微量元素	
	镁矿粉	
	硫磺	
	石膏	
	黏土（如珍珠岩、蛭石等）	
	氯化钠	
	碳酸钙镁	
Ⅲ. 微生物来源	生物降解的微生物发酵剂	未添加化学合成物质
	微生物及微生物制剂	

42. 有机食用菌对生产消毒剂的使用有何要求？

由于食用菌生产过程中常常受到其他微生物（杂菌）侵入，从而影响食用菌正常生长，甚至导致生产失败，因此，食用菌生产的各个环节均要严格预防和控制杂菌侵入。通常采取的措施如下：

（1）清洁生产基地及周边的卫生，减少杂菌量；

（2）接种室、培养室、出菇室一般使用前及使用后均消毒杀菌，可使用蒸汽和表12列出的清洁剂和消毒剂对设备、场地进行清洁和消毒。冷却室、接种室、接种箱或接种台均需要安装紫外灯进行照射杀菌。

紫外灯的安装和使用方法：离地面2 m的30 W灯可照射9 m²房间，每天接种箱、接种间或冷却室使用前和使用后照射2 h~3 h。紫外灯与被照射物（如未接种的菌袋、接种台、接种工具）距离不超过1.5 m，每次30 min以上。特别注意不应对菌种进行紫外灯照射消毒。

（3）操作者严格遵守操作方法，减少菌袋（瓶）破损，减少杂菌带入操作场地。

表12　食用菌生产中场所处理的常用方法

名称	使用方法	适用对象
紫外灯	直接照射，紫外灯与被照射物距离不超过1.5 m，每次30 min以上	接种箱、接种台等，不应对菌种进行紫外灯照射消毒
	直接照射，离地面2 m的30 W灯可照射9 m²房间，每天照射2 h~3 h	接种室、冷却室等，不应对菌种进行紫外照射消毒

表 12（续）

名称	使用方法	适用对象
臭氧	臭氧机消毒：臭氧质量浓度应该达到或超过 10 mg/m³，密闭消毒 30 min。对于洁净度较高的车间，如对 10 万级、万级的车间消毒，臭氧质量浓度则应提高到 20 mg/m³ ~ 30 mg/m³	菇房、培养室、接种室、冷却室等空间消毒
乙醇	75%，浸泡或涂擦	接种工具、子实体表面、接种台、菌种外包装、接种人员的手等
高锰酸钾/甲醛	高锰酸钾 5 g/m³ + 37% 甲醛溶液 10 mL/m³，加热熏蒸。密闭 24 h ~ 36 h，开窗通风	培养室、无菌室、接种箱
高锰酸钾	100 kg 水加入高锰酸钾 0.1 kg 或 0.2 kg 即成 0.1% 或 0.2% 溶液，涂擦	接种工具、子实体表面、接种台、菌种外包装等
氢氧化钠	将氢氧化钠 1 kg 或 2 kg 溶于 98 kg 或 99 kg 水中，即成 1% 或 2% 的氢氧化钠溶液，涂擦	有油垢的器具、机械、墙壁、地面、菇架、装瓶机等
漂白粉	1%，现用现配，喷雾	栽培房和床架
漂白粉	10%，现用现配，浸泡	接种工具、菌种外包装等
硫酸铜/石灰	硫酸铜 1 g + 石灰 1 g + 水 100 g，现用现配，喷雾，涂擦	栽培房、床架

43. 有机食用菌生产对塑料袋（瓶）的使用有何要求？

平菇、香菇、木耳、金针菇、杏鲍菇等大多数木腐类食用菌的栽培采用塑料袋或塑料瓶作栽培容器，塑料袋（瓶）大小一般根据栽培的菇种并便于管理而确定（见表13）。塑料袋（瓶）为聚乙烯或聚丙烯产品，质量应符合 GB 4806.7 的相关规定。塑料瓶的规格（容积/口径）有 1000 mL/65 mm、1100 mL/70 mm、1100 mL/70 mm、1100 mL/78 mm、1200 mL/85 mm，也有个别厂家采用 1400 mL/85 mm 的菌瓶，制作塑料瓶的材质有日本料、韩国料或国产料，进口料价格较高。

44. 有机食用菌投入品怎样管理？

有机食用菌生产所需要的各种投入品，应选购具有合格证明的农药、兽药、肥料及饲料等，并保存购买凭证。

农药、兽药应按产品标签规定的储存条件在专门的场所分类存放，有醒目标记，由专人管理。

肥料、饲料应有专门的存放场所，保持干燥、通风、清洁、避免日光曝晒。变质和过期饲料应做好标识，隔离禁用，并及时处理销毁。

做好投入品购买、储存、使用及销毁记录，以备核查和溯源。购买记录包括购买日期、销售单位、数量、经手人；储存记录包括储存地点、环境条件、标识等；使用记录包括使用日期、使用人、数量、使用方法等。

表13 不同菌类食用菌使用塑料袋规格

单位:cm

菌袋规格	香菇	平菇熟料（熟栽培）	平菇（生料栽培）	黑木耳	毛木耳	清菇	银耳	茶树菇
对折径	15	20~22	24~28	17	17	15	12	15
长度	55	40~45	45~55	35~38	33	55	50	28
厚度	0.006	0.003	0.0015	0.003	0.0045	0.006	0.002	0.003

菌袋规格	金针菇（工厂化栽培）	杏鲍菇（工厂化栽培）	海鲜菇（工厂化栽培）	白灵菇（工厂化栽培）	香菇（工厂化栽培）	灵芝（段木栽培）	灵芝（代料栽培）	白灵菇（设施栽培）
对折径	17.5	17~18	17~18	17~18	48	28~35	17~18	18
长度	38	36~38	36~38	36~38	50	55~65	33~39	38
厚度	0.005	0.005	0.005	0.005	0.006	0.003	0.004	0.003

第五章　有机食用菌栽培管理

45. 有机食用菌栽培工艺是怎样的？

按照食用菌对基质营养要求分类，人工栽培种类可分为以下两大类：

第一类为草腐菌。主要以稻草、麦秸和玉米秸等作物秸秆及禽畜粪便为营养基质，目前规模化生产的种类主要有双孢蘑菇、巴氏蘑菇、草菇、大球盖菇和鸡腿菇。

第二类为木腐菌。主要以阔叶树的木屑和棉籽壳为原料，规模化生产的种类主要有平菇、秀珍菇、杏鲍菇、白灵菇、榆黄蘑、长根菇、金针菇、木耳、毛木耳、灵芝、茶树菇、灰树花、真姬菇、银耳、香菇、滑菇、杨树菇、竹荪、猴头菇、茯苓、猪苓、蛹虫草、红平菇、金福菇、大杯蕈、虎奶菇等。

尽管不同的食用菌生物学特性不同，栽培管理要求不同，但栽培工艺可按木腐菌、草腐菌两类进行操作。分别以木腐类香菇、黑木耳、平菇、杏鲍菇、金针菇和草腐类双孢蘑菇、草菇、鸡腿菇说明如下：

香菇：配方确定→备料→配料→拌料→装袋→灭菌→接种→发菌→转色管理→上架或覆土→催蕾→出菇管理。目前生产上香菇采用架式栽培或覆土栽培两种模式。

黑木耳：配方确定→备料→配料→拌料→装袋→灭菌→接种→发菌→催耳→出耳管理。

平菇：

熟料栽培：配方确定→备料→配料→拌料→装袋→灭菌→接种→发菌→催蕾→出菇管理。

生料栽培：配方确定→备料→发酵→装袋、接种→发菌→催蕾→出菇管理。

杏鲍菇（工厂化栽培）：配方确定→备料→配料→拌料→装袋（瓶）→灭菌→接种→发菌→催蕾→出菇管理。

金针菇（工厂化栽培）：配方确定→备料→配料→拌料→装瓶→灭菌→接种→发菌→催蕾→出菇管理。

双孢蘑菇：配方确定→备料→一次发酵→二次发酵→（三次发酵）→铺料→播种→发菌→覆土→覆土后管理→出菇管理。

草菇：配方确定→备料→预湿和短期发酵→二次发酵→铺料→播种→发菌→出菇管理。

鸡腿菇：配方确定→备料→配料→拌料→装袋→灭菌→接种→发菌→覆土→催蕾→出菇管理。

46. 有机食用菌栽培常用配方有哪些？

有机食用菌栽培料与普通食用菌栽培料制备不同，有机食用菌栽培主辅材料应新鲜、不腐烂、不变质，原料按照第四章要求选择。按照草腐菌和木腐菌两大类，推荐有机食用菌栽培料常用配方。

（1）草腐菌

①双孢蘑菇：双孢蘑菇栽培原料需要进行发酵处理，发酵前培养料的要求：碳氮比（C:N）为 $28:1\sim30:1$，含氮量为 $1.4\%\sim1.6\%$，投料量为 $30~kg/m^2\sim35~kg/m^2$。常用配方如下：

a. 稻草48.5%，牛粪48.5%，钙镁磷肥1.5%（要求天然来源，未添加化学物质，下同），石膏粉1.5%。

b. 玉米秸秆60.5%，牛粪36.3%，钙镁磷肥1.2%，石膏粉1%，石灰石1%。

c. 稻草 46.3%，大麦草 20%，猪粪（干）26.3%，菜籽饼粉 5%，石膏粉 1%、钙镁磷肥 0.4%，石灰 1%。

d. 杏鲍菇菌渣 77%，鸡粪 23%，石灰调整 pH。

e. 麦草 54.8%，湿鸡粪 43.7%，石膏粉 1%，石灰 0.5%。

f. 玉米芯 47.3%，牛粪 47.2%，饼肥 4%，石膏粉 1.5%，石灰调整 pH。

由于各地方种植作物不同，双孢蘑菇栽培原料可根据当地农业废弃物种类进行选择，采用不同的配方。

②巴氏蘑菇

a. 麦秸粉 70%，棉籽壳 20%，麸皮 8%，石膏 1%，轻质碳酸氢钙 1%。

b. 稻草粉 60%，棉籽壳 30%，麸皮 8%，石膏 1%，石灰粉 1%。

c. 豆秸粉 30%，玉米芯 30%，杂木屑或香菇废菌糠 28%，麸皮 9%，石膏 1.5%，钙镁磷肥 1.5%。

此外，巴氏蘑菇栽培原料和配方同样适合姬松茸。

③草菇

a. 杏鲍菇菌渣 100%。

b. 金针菇菌渣 30%，杏鲍菇菌渣 70%。

c. 稻草 80%，牛粪 20%。

d. 玉米芯 100%，需要高浓度石灰水浸泡处理。

e. 玉米秆 27%，麦秆粉 27%，大豆秆 27%，干鸡粪 14%，钙镁磷肥 2%，饼肥 3%，生石灰水软化玉米秆并调整 pH。

④大球盖菇

a. 稻草或麦草 77%，麦麸或米糠 5%，玉米粉 5%，石膏粉 2%，钙镁磷肥 1%，石灰粉 2%，火烧土灰 8%，pH 6~6.5。

b. 大豆秸 50%，玉米秸 50%。

c. 干稻草 80%，竹屑 20%。

d. 干稻草 60%，谷壳 40%。

e. 稻草（或干麦秸）98%，石膏 2%。

⑤鸡腿菇

a. 麦秸 72%，麸皮 20%，玉米粉 6%，石膏 1%，石灰 1%。

b. 麦秸 36.5%，杏鲍菇菌渣 36.5%，麸皮 20%，玉米粉 5%，石膏 1%，石灰 1%。

c. 玉米芯 75%，麸皮 20%，玉米粉 3%，石膏 1%，石灰 1%。

d. 麦秸 38%，玉米芯 35%，禽畜粪 20%，麸皮 5%，石膏 1%，石灰 1%。

e. 稻、麦草粉 47%，干牛粪 30%，玉米粉 20%，钙镁磷肥 1%，石膏 1%，石灰 1%。

f. 金针菇菌渣 37%，稻草 20%，玉米芯 20%，麸皮 10%，玉米粉 10%，钙镁磷肥 1%，石膏 1%，石灰 1%。

（2）木腐菌

①平菇

a. 熟料栽培：玉米芯 80%，麸皮 18%，糖 1%，石膏粉 1%。

b. 熟料栽培：玉米芯 50%，木屑 30%，麸皮 18%，糖 1%，石膏粉 1%。

c. 熟料栽培：木屑 74%，麦麸 21%，钙镁磷肥 1%，石膏 2%，石灰 2%。

d. 生料栽培：玉米芯 94%，麸皮 3%，石灰粉 3%。

②黑木耳

a. 木屑 82%，麸皮 15%，豆粉 2%，石膏粉 1%。

b. 杂木屑 45%，豆秸 45%，麦麸 8%，钙镁磷肥 1%，石膏 0.5%，石灰 0.5%。

c. 杂木屑 44%，玉米芯 44%，麦麸 10%，钙镁磷肥 1%，石膏 0.5%，石灰 0.5%。

d. 木屑 78%，稻糠 18%，豆粉 2%，钙镁磷肥 1%，石膏 0.5%，石灰 0.5%。

e. 生料栽培：桑木屑 88%，麸皮 10%，糖 1%，石膏粉 0.5%，石灰粉 0.5%。

③香菇。杂木屑 78%，麦麸 21%，石膏 1%。

④金针菇。硬木屑必须经过 2～3 个月风吹、日晒、雨淋，自然发酵。

a. 木屑 78%，麦麸 10%，玉米粉 10%，糖 0.5%，石膏粉 1.5%。

b. 木屑 63%，玉米芯 10%，麦麸 20%，玉米芯 5%，蔗糖 1%，石膏粉 1%。

c. 木屑 70%，麦麸 25%，玉米粉 3%，蔗糖 1%，碳酸钙 1%。

⑤毛木耳

a. 木屑 85%，麦麸 13%，石膏 1%，石灰 1%。

b. 木屑 70%，玉米芯 16%，麦麸 12%，石膏 1%，石灰 1%。

c. 木屑 65%，甘蔗渣 21%，麦麸 12%，石膏 1%，石灰 1%。

⑥银耳

a. 木屑 77%，麸皮 19%，钙镁磷肥 1%，石膏粉 2%，石灰粉 1%。

b. 木屑 35%，甘蔗渣 35%，麸皮 26%，石膏粉 2%，过磷酸钙 2%。

c. 木屑 24%，玉米芯 48%，麸皮 24%，石膏粉 2%，钙镁磷肥 2%。

⑦白灵菇

a. 木屑 38%，玉米芯 38%，麦麸 18%，玉米粉 5%，石灰 1%。

b. 木屑 38%，花生壳 38%，麦麸 15%，玉米粉 7%，石灰 1%，钙镁磷肥 1%。

c. 豆秸 57%，木屑 20%，麦麸 16%，玉米面 5%，石膏 1%，石灰 1%。

⑧杏鲍菇

a. 杨木屑 23%，甘蔗渣 23%，玉米芯 23%，麦麸 21%，玉米粉 9%，石灰 1%。

b. 杨木屑 23%，花生壳 35%，玉米芯 23%，麦麸 11%，玉米粉 7%，石灰 1%。

c. 柠木屑 38%，甘蔗渣 23%，玉米芯 18.4%，麦麸 8.3%，玉米粉 6.8%，豆粕粉 1.5%，石灰 3%，石膏 1%。

d. 桉树木屑 10.5%，杨木屑 14.5%，甘蔗渣 21%，麦麸 18.4%，玉米芯 18.4%，玉米粉 6.8%，豆粕粉 8.4%，石灰 1%，石膏 1%。

⑨滑子菇

a. 杂木屑 87%，米糠 10%，玉米粉 2%，石膏 1%。

b. 杂木屑 90%，麦麸 8%，玉米粉 2%。

c. 杂木屑 45%，豆秸 45%，麦麸 10%。

d. 玉米芯 80%，米糠 19%，石膏 1%。

e. 杂木屑 80%，麦麸 15%，玉米粉 2.5%，黄豆粉 1.5%，石膏 1%。

f. 玉米芯 40%，豆秆粉 20%，棉籽壳 20%，麦麸 18%，石膏 1%，石灰 1%。

⑩茶树菇

a. 阔叶树木屑 73%，麦麸或米糠 25%，糖 1%，碳酸钙 1%。

b. 桑枝木屑 70%，杨木屑 10%，麦麸 18%，石膏 1%，糖 1%。

c. 莲子壳 40%，玉米芯 20%，杂木屑 15%，麦麸 23.5%，碳酸钙 1.5%。

⑪真姬菇

a. 木屑 65%，玉米芯 8%，米糠 17%，麦麸 5%，黄豆皮 5%。

b. 玉米芯 54%，米糠 8%，麦麸 13%，黄豆皮 17%，高粱粉 8%。

⑫灵芝

a. 杂木屑 79%，麸皮 20%，豆饼粉 1%，水适量。

b. 杂木屑 45%，玉米芯 45%，麸皮 8%，黄豆粉 1%，石膏粉 1%，水适量。

c. 杂木屑 30%，玉米芯 50%，麸皮 20%，水适量。

d. 杂木屑 88%，麸皮 10%，石膏 1%，红糖 1%，水适量。

e. 栎类段木 25 cm ~ 35 cm（直径 6 cm 以上），需要头年 11 月至翌年 3 月砍伐去枝遮荫存放，使用前浸水 5 h ~ 24 h，含水量控制在 40% 左右。

⑬猴头菇

a. 杂木屑 78%，麸皮 20%，糖 1%，石膏 1%，水适量。

b. 木屑 70%，麸皮 25%，糖 1%，石膏 2%，钙镁磷肥 2%，水适量。

c. 木屑 70%，豆秸粉 17%，麸皮 10%，大豆粉 1%，糖 1%，石膏 1%，水适量。

d. 棉籽壳 90%，麸皮 8%，蔗糖 2%，水适量。

e. 棉籽壳 78%，麸皮 20%，石膏 1%，碳酸钙 1%，水适量。

f. 甘蔗渣 78%，麸皮 20%，石膏 2%，水适量。

g. 玉米芯 27%，木屑 28%，棉籽壳 27%，麸皮 16%，蔗糖 1%，石膏 1%，水适量。

h. 玉米芯 50%，棉籽壳 30%，麸皮 18%，蔗糖 1%，石膏粉 1% ，水适量。

47. 草腐菌怎样进行原料发酵处理？

选择发酵场地：首先，要求地势平坦、排水方便，有干净水源，同时远离生活区、学校、医院等公共区和菌种培养场；其次，要求场地周边 5 km 以内无化学污染源，3 km 内无集市、水泥厂、石灰厂、木材加工厂等扬尘源。

在建堆前一周，将稻草、麦草等原料粉碎晾干。使用前 1 d ~ 2 d，用清水将秸秆、禽畜粪便等原辅材料进行预湿。然后进行发酵处理，可分为两次发酵，即一次发酵和二次发酵，一次发酵主要在室外或发酵仓内进行，二次发酵在菇房或专用发酵仓内进行。草菇、大球盖菇和鸡腿菇的生产一般采用一次发酵处理，双孢蘑菇和巴氏蘑菇的生产一般采用二次发酵处理，有的也进行第三次发酵培养，以缩短生产周期，提高生产效率。

48. 何谓一次发酵？一次发酵质量要求是怎样的？

室外一次性完成培养料的建堆发酵，是传统的栽培原料堆置方法，称为一次发酵。在室外水泥地上建堆、翻堆，时间不少于 18 d，翻堆次数不少于 5 次。第一次建堆，粪草交替铺放，堆肥中心温度达到 70 ℃ ~ 75 ℃。翻堆时应上、下、里、外、生料和熟料相对调位，把粪草充分抖松、拌匀，各种辅助材料按程序均匀加入。

工厂化双孢蘑菇栽培，通常采用开放式一次发酵隧道进行发酵处理。将培养料预湿处理，使用铲车装入料仓，通过高压风机定时把新鲜空气由高压管的通风喷嘴强制打进堆料中，堆料经过好氧发酵，温度不断升高，料中高温有益于微生物获得快速生长，而低温病原菌及虫卵则被杀死，当料温升高至 76 ℃ ~ 80 ℃时，维持 6 d ~ 7 d。之后，通过翻滚或倒库方式达到培养料均匀发酵的目的，通过高压水枪进行水分调整。一次发酵高压喷气嘴密闭通气隧道的主要技术参数：压力 4500 Pa ~ 6000 Pa，每吨培养料通风量 5 m³/h ~20 m³/h，培养料温度控制在 76 ℃ ~80 ℃，培养料内氧气含量为 8% ~12%。一次发酵处理时间一般为 13 d ~14 d。

一次发酵后的培养料质量要求：堆肥含氮量 1.6% ~1.8%，氨含量 0.2% ~0.4%，含水量适宜（72% ~74%），pH 7.5 ~8.5，草茎较柔软，富有弹性，粪草色泽呈黄褐色至棕褐色，闻不到粪草料刺鼻的氨味和粪臭味。

49. 何谓二次发酵？二次发酵质量要求是怎样的？

一次发酵后的培养料被移入菇房或严密发酵仓，在（18 ±2）h 内将温度升至 58 ℃ ~62 ℃，维持 6 h ~8 h，之后将温度降至（52 ±2）℃，保持 48 h ~72 h，再次杀死料中病原菌及其孢子、害虫及其虫卵，这个过程称为二次发酵。菇房温度自然下降到 42 ℃以下后，开窗通风，料温降至 28 ℃时进行播种。测温时人不得进入菇房。

二次发酵的目的：①通过巴氏消毒杀灭残留在未完全腐熟堆料中的有害生物体。②为堆料中的有益微生物菌群［高温细菌（最适温度 50 ℃ ~60 ℃）、放线菌（50 ℃ ~55 ℃）、丝状真菌（45 ℃ ~53 ℃）］创造出适宜的活动与繁衍条件，继续发酵并积累适合于蘑菇菌丝利用的选择性营养成分。为了达到良好的发酵效果，整个二次发酵过程必须在栽培室或特别的设施内严密控制温度和空气的供给，整个过程分为温度平衡、巴氏消毒、控温发酵、降温冷却四个阶段。

二次发酵后的质量要求：培养料变成棕褐色，腐熟均匀，无异味，料内长满放射状的嗜热性微生物菌丝，优质的培养料必须是熟而不烂，含水量适中（68% ~71%），氮的含量为 2.7% ~2.8%，氨态氮的含量低于 0.06%，pH 7.0 ~7.6，灰白色，手握料柔软松散，并有油腻感，无氨味及臭味。

50. 双孢蘑菇原料发酵过程是怎样操作的？

（1）预堆①草料：先将麦秸或者稻草预湿 1 d，麦草或玉米秆边浇水边踩踏，堆成宽 4 m、高 1.5 m，长度不限的长方形草堆，预湿好的草堆间要有少量水分溢出，保证草料要吸足水分。②牛粪：干牛粪、猪粪或者鸡粪最好预湿 1 d~2 d 翻堆，将细干牛粪、饼粉或其他禽粪混匀，边喷水边堆成宽 2 m、高0.5 m的梯形码堆，含水量60% 左右，手握成团，松手即散。

（2）建堆。预堆 3 d 后，将预堆原料分成 10 份，按一层草料、一层粪逐层向上堆积。堆宽2.3 m、高 1.5 m~1.8 m，长度不限。每层草料厚约30 cm，粪层厚度以盖没草层为度。石膏、钙镁磷肥按"下层不加，中层少，上层多"的原则，分层撒铺于各草层。水分按"底层少，上层多"的原则，以堆建成后底部有少量水渗出为宜。堆形应保证四边垂直、整齐，顶部龟背形，并用牛粪覆盖，雨天注意盖薄膜防雨，雨后及时揭膜。

（3）翻堆。翻堆间隔天数：7 d、6 d、5 d、4 d、3 d。水分的加入：第一次翻堆时水分要加足，第二次、第三次翻堆时根据料本身的干湿情况适量加水，以后翻堆不加任何形式的水。辅料的添加：石灰一般从第二次、第三次翻堆时开始添加，pH 为7.5。堆宽：随翻堆次数的增加，逐渐由 2.3 m 缩减到 2 m，高1.5 m。

（4）二次发酵。层架式菇房出菇，将一次发酵后的原料移进菇房的中层床架（第 2 层、第 3 层和第 4 层）上，然后用蒸汽加温进行二次发酵，具体方法见49 问。

如果是大棚栽培双孢蘑菇，无二次发酵条件，可将一次发酵后的培养料趁热移到室外事先搭好的大棚内 3 层发酵架或畦床上，铺料厚度由上至下依次为 30 cm、35 cm 和 40 cm，迅速加温，使料温升到 60 ℃，维持 6 h~10 h，然后使料温逐渐降至50 ℃~52 ℃，保持 3 d~7 d，同时适当通风换气，使培养料得到充分的分解和转化。

工厂化生产双孢蘑菇，具备标准化二次发酵仓，按二次发酵程序操作。

51. 姬松茸原料发酵过程是怎样操作的?

（1）预湿。撒上石灰，反复洒水喷湿。牛粪预湿采用边淋水、边翻拌的方法调湿，1 d～2 d 后建堆。

（2）建堆。将预湿后的原料堆成高 1.7 m、宽 1.5 m 的长堆。建堆时料中先插一根毛竹或木棒，然后一层稻草、一层粪料喷水堆积，顶层用粪料覆盖，抽出竹棒，再盖一层散草，阴雨天盖薄膜。4 d 左右堆温可达 65 ℃～70 ℃。

（3）翻堆。翻堆的目的是使培养料均匀发酵。通常情况下，由于高温型微生物大量繁殖，建堆后 5 d～6 d，堆温会升至 70 ℃～75 ℃，这时就应进行第一次翻堆。翻堆时外部边缘的料偏干，应喷水，将外部料翻到中间，上部料翻到下边，里边料翻到外边，一边翻一边按比例均匀地加入石膏粉、碳酸钙、过磷酸钙等。第一次翻堆后 5 d～6 d 进行第二次翻堆，3 d～4 d 后进行第三次翻堆。一般情况下，第三次翻堆后的第三天即可进料。注意每次翻堆都要调节水分，进菇棚时培养料的含水量调整到 65% 左右、pH 为 6.5～7.5。通过堆制发酵，使培养料腐熟并杀死部分病菌和害虫，减少杂菌污染。

（4）后发酵。培养料的发酵分前发酵与后发酵。后发酵可以进一步杀虫杀菌，同时培养有益微生物，使原料进一步软化腐熟，将培养料中大分子化合物降解为低分子化合物，从而有利于菌丝吸收利用。将前发酵好的培养料调节湿度和 pH 后搬到室内的床架上，室外阳畦则应放在畦床上。密闭通入蒸汽，将温度提高到 58 ℃～62 ℃，维持 4 h～6 h，进一步杀虫杀菌，然后通风降温至 48 ℃～52 ℃，并维持 4 h～6 h。

52. 草菇原料发酵过程是怎样操作的?

（1）以稻草为主料。将稻草切成 5 cm～10 cm 长或用粉碎机粉碎。切碎的稻草用5%石灰水浸泡，浸泡6h后捞起沥干，拌入畜禽粪、石膏、草木灰等建堆发酵。畜禽粪用量为稻草用量的3%，石膏为1%，有机肥为2%左右。堆制5d～6d，中间翻堆1次，翻堆时可加入4%～5%麦麸。稻草堆制发酵时，一般堆宽1.2m、高1m，长度1m以上。堆制好的培养料要质地柔软，含水量70%，pH调至9左右。一次堆制发酵后最好经二次发酵。

（2）以菌渣为培养料。只需将废弃的栽培菌袋脱去塑料，菌渣打碎后堆制，堆高、长、宽根据场地情况而定。堆好后立即淋水，每天2次～3次，一般淋2d，可看到水从四周流出，菌渣吃透水，含水量达到72%～74%。不具备二次发酵条件的生产基地，菌渣预湿两天一夜后，撒上石灰和碳酸钙，搅拌均匀即可直接在菌床上铺料、播种。不进行二次发酵，病虫害往往比较严重。

菇房是进行二次发酵的场地。将菌渣预湿后直接移进菇房，上架后整平拍实床面，喷一次重水，关闭门窗密封一夜。经过一夜的密封，料温可以自然升至45℃～50℃，这时通入蒸汽进行巴氏消毒。消毒温度稳定在62℃～65℃，保持24h，后用小火维系，降温至58℃～62℃，再保持24h。停火，自然冷却，温度降到42℃时，即可打开门窗通风，排除废气。这个过程需3d～4d，然后再轻喷一次水。

具备二次发酵槽的生产单位，预湿后直接移进二次发酵槽进行发酵处理。

53. 大球盖菇原料发酵过程是怎样操作的？

（1）预堆。稻草浸水。在建堆前稻草必须先吸足水分，把净水引入水沟或池中，将稻草直接放入水沟或水池中浸泡，边浸草边踩草，浸水时间一般为2d左右。不同品种的稻草，浸草时间略有差别。质地较柔软的晚稻草，浸草时间可短些，一般为

36 h~40 h；早稻草、单季稻草质地较坚实，浸草时间需长些，大约48 h。稻草浸水的主要目的：一是让稻草充分吸足水分；二是降低基质中的 pH；三是使其变软以便于操作，且使稻草堆得更紧。采用水池浸草，每天需换水 1 次 ~2 次。除直接浸泡方法外，也可以采用喷淋的方式使稻草吸足水分。具体做法是把稻草放在地面上，每天喷水 2 次 ~3 次，并连续喷水 6 d~10 d。如果数量大，还必须翻动数次，使稻草吸水均匀。短、散的稻草可以采用袋或筐装起来浸泡或喷淋。

对于浸泡过或淋透的稻草，自然沥水 12 h~24 h，让其含水量达到 70% ~75%。可以用手抽取有代表性的一小把稻草，将其拧紧，若草中有水滴渗出，而水滴是断线的，表明含水量适度；如果水滴连续不断线，表明含水量过高，可延长其沥水时间。若拧紧后尚无水滴渗出，则表明含水量偏低，必须补足水分再建堆。

（2）预发酵。在白天气温高于 23 ℃以上时，为防止建堆后草堆发酵、温度升高而影响菌丝的生长，需要进行预发酵。在夏末秋初季节播种时，最好进行预发酵。具体做法是将浸泡过或淋透的草放在较平坦的地面上，堆成宽 1.5 m~2 m、高 1 m~1.5 m、长度不限的草堆，要堆结实，隔 3 d 翻一次堆，再过 2 d~3 d 即可移入栽培场建堆播种。

预发酵在实际栽培中可通过分步操作结合进行，即浸透的草从水沟中捞起后将其成堆堆放，一方面让其沥去多余水分，另一方面适当延长时间，让其发酵升温，过 2 d~3 d 再分开分别建堆。采用此法进行时，应注意掌握稻草的含水量，尤其是堆放在上层的草常偏干，一定要补足水分后才能播种建堆，否则会造成建堆后温度上升，影响菌丝的定植。

秸秆原料经预堆、发酵、翻堆散热后，即可作为大球盖菇栽培基质。

54. 草腐菌怎样进行铺料、播种？

（1）双孢蘑菇：料中心温度降至 30 ℃ 以下时，上下翻透抖松培养料，均摊于各层。培养料偏干，可适当喷洒冷开水调制的 1% 石灰水，再翻料一次，使之干湿均匀；料偏湿，可将料抖松并加大通风，降低含水量。平整料层，厚度 20 cm 左右。播种量为 1 瓶（750 mL）麦粒种，撒播并部分轻翻入料面内，压实打平，关闭门窗，保温保湿，促进菌种萌发。

（2）草菇：二次发酵后将料铺放在菇床上。每平方米铺料 25 kg～30 kg（按风干料重计算）。当料温降到 35 ℃ 时就可进行播种，趁热播种可加快发菌速度。播种前如果料面偏干可喷一次 pH 8～9 的石灰水澄清液。播种采用撒播方式，播种量按每平方米用规格为 13 cm×26 cm 的菌种袋 1 袋（麦粒种），菌龄以 5 d 菌丝走满袋为宜。播种完轻拍料面，使菌种与培养料充分接触，以利发菌。播种后关闭门窗 3 d～4 d，保温保湿，促进草菇菌丝迅速布满料面并向料内生长。

（3）大球盖菇：播种前将畦床土壤整成龟背状，背高 12 cm～15 cm，宽 90 cm～110 cm，用 GB/T 19630—2019 表 A.3 中规定的物质（如漂白剂等）对菌床及四周进行喷洒消毒、杀虫处理。秸秆预湿料或菌糠等发酵料均可采用菌畦铺料播种，菌糠等碎料也可进行压块栽培。先将畦床喷水淋湿，然后铺入培养料。每平方米使用干料 25 kg～30 kg，料厚 25 cm～30 cm，所用菌种 500 g～800 g（麦粒种）。播种后料面覆盖消毒湿草帘或碎秸秆保温保湿，也可在料面及周边覆 1 cm 厚的腐殖土保湿。高温季节用 4 cm～5 cm 粗圆木棒，每隔 30 cm～40 cm 打孔至底，以通风散热降温。菌畦之间留 40 cm 宽的操作道，低于菌畦底部地面。若采用床架栽培，床面宽 60 cm～70 cm，层距 55 cm～60 cm，高 3 层～4 层，底层离地面 15 cm～20 cm，架与架之间留走道 60 cm 左右。

55. 木腐菌栽培料拌料、装袋、灭菌技术要求是怎样的？

（1）拌料。拌料前杂木屑应过筛，玉米芯要粉碎成蚕豆大小的颗粒。杂木屑、玉米芯等颗粒较大，必须事先预湿堆闷，使其充分吸水。豆秸粉碎（直径 0.6 cm～0.8 cm），石膏粉、石灰粉等溶于水的料要先分批用适量水溶解，其他不溶于水的料预先和主料进行干拌，拌料时必须注意使培养料的总含水量维持在 65% 左右（用力攥时指缝间有水滴），做到吸湿均匀。料拌好后，要迅速分装。料水比为 1:1.3～1:1.4。拌料应均匀，拌料后可直接装袋（瓶）。堆闷 12 h 左右进行原料分装，有利于提高灭菌效果。

（2）装袋（瓶）。采用袋栽模式，根据栽培种类选择合适的塑料袋。例如：香菇栽培，选用折径 15 cm～17 cm、长度 35 cm～38 cm、厚度 0.045 cm 的聚丙烯塑料袋（可高压灭菌）或聚乙烯塑料袋（不可高压灭菌）；平菇选用（20 cm～22 cm）×（45 cm～50 cm）低压聚乙烯塑料袋；黑木耳、杏鲍菇、白灵菇等可选用（17 cm～18 cm）×（35 cm～38 cm）的聚丙烯或聚乙烯塑料袋；茶树菇可选择（15 cm～17 cm）×（33 cm～35 cm）的聚丙烯或聚乙烯塑料袋；灵芝短段木栽培采用（28 cm～35 cm）×（55 cm～65 cm）的聚乙烯塑料袋。所用塑料袋要求厚薄均匀，无折痕，无漏洞，耐高温，耐拉力，用手工或装袋机进行机械装袋。装袋时要求上下培养料松紧一致，松紧适度，表面压平。装好的塑料袋中间打孔（机械装袋一次完成），袋口用无棉盖体或者橡皮筋封口，或用拧袋方法封口，再认真清理袋口黏着物，然后封口。开始配料到装袋结束，尽量在 6 h 内完成，完成后立即灭菌。

目前，工厂化栽培除使用塑料袋作栽培容器外，越来越多的企业采用塑料瓶做栽培容器，例如：金针菇一般使用 1100 mL 的塑料瓶装料，杏鲍菇使用 1000 mL～1100 mL 的塑料瓶装料，银耳使用 500 mL 左右的小瓶作栽培容器。原料装瓶由装瓶机自动化操作。

（3）灭菌。将装好料的菌袋（瓶）移进灭菌仓内进行高压灭菌，或移进灭菌池（灶）内充蒸汽进行常压灭菌。也可直接将菌袋码放在地面，盖上帆布、棉被，充入蒸汽进行常压灭菌。

高压灭菌时高压锅内的冷气一定要先排尽，避免产生假相蒸汽压，否则锅内温度低于蒸汽压表示的相应温度，导致栽培料灭菌不彻底。灭菌后，待温度降至 60 ℃ 以下时，将料袋放在冷却室中冷却。在食用菌工厂化生产中，常用高压蒸汽灭菌，全程灭菌时间 4.5 h 左右，期间，121 ℃ 保持 2.5 h 左右。灭菌结束后，培养料瓶从灭菌锅中搬出，置于洁净的冷却室内冷却料温至20 ℃以下才可接种。

采用常压灭菌，将装好料的栽培袋置于常压灭菌灶内，袋与袋之间留有间隙，加温至 100 ℃，保持 8 h 以上。

56. 木腐菌怎样进行冷却和接种？

香菇、平菇等木腐菌的料袋灭菌后，由于菌袋（菌瓶）温度高，需要冷却至 28 ℃ 以下，才能移入接种室或接种箱进行接种。小规模传统栽培方式，灭菌后的料袋直接送至大棚或接种间附近冷却，接种前，使用 GB/T 19630—2019 表 A.3 中规定的物质（如除雾剂）等对接种室或接种箱、接种帐进行消毒杀菌，消毒杀菌后 20 min ~ 40 min 才能进行接种。接种时，要求动作熟练、操作规范，按无菌操作方法挖取菌种，取小块接入，可选择细碎型菌种，以加速萌发，尽快让菌丝覆盖料面，最大限度降低污染，提高发菌成功率。

工厂化生产企业一般具备洁净冷却室、接种室。料袋（瓶）经过灭菌后移进冷却室进行一级冷却、二级冷却。一级冷却采用高效过滤空气对料袋（瓶）进行预冷，降温速度较慢，灭菌小车摆放应与送风方向平行，间距 30 cm 以上，正压热风从墙角百叶窗排出。当料袋（瓶）温度降至 35 ℃后，将灭菌小车推入二级冷却室进行强冷，灭菌小车摆放间距 10 cm～20 cm。温度降至 20 ℃左右，推入接种间进行接种。

接种使用的菌种目前有固体菌种和液体菌种两大类，制作、接种操作方法各不相同。传统的固体菌种（如枝条种、麦粒种、木屑种），接种使用时应经过严格筛选，使用生长健壮、纯度高的优良菌种用于生产。接种前一天或者当天，使用 75% 乙醇或过氧乙酸水溶液进行表面消毒。工厂化生产企业一般具备专用接种净化间，接种人员应更衣、换鞋、洗手，经过风淋间进入接种间。为了提高接种间的空气净化度，在接种操作上方安装小型空气净化器，对流水线接种操作两端再次进行净化，接种时，两位员工配合接种，打开料袋（瓶）的盖子，使用镊子将菌种快速转入料袋（瓶）中，然后将盖子盖好，通过传送带移到接种间外。

近年来，液体菌种在一些规模化生产企业得到更多应用。液体菌种接种操作方便，可以实现自动接种，菌种生产成本低，时间短，接种污染率低，接种效率高（每小时 4300 袋左右）。接种量为每袋注入菌种液 20 mL～30 mL。接种机采用智能程序控制，接种时只需要一人操作，可实现自动消毒、接种、传送。

57. 何谓发菌？发菌过程怎样管理？

发菌又称"走菌"，指菌丝体在培养料内生长、扩散的过程。发菌包括定植、封面、穿底等过程。"定植"又称"吃料"，指接种块菌丝重新长在新的培养料上；"封面"指播种后菌丝体长满培养料表面；"穿底"指菌丝体在培养料内从上至下长满发透。

经过接种的料袋（瓶）移进发菌室（大棚）内进行发菌，由于不同菌种生物学特性差异，发菌期间管理各不相同，表 14 总结归纳了常见栽培品种的管理技术要求。

表 14　常见食用菌发菌期对通风、温度、相对湿度和光照的要求

名称	通风量	温度/℃	相对湿度/%	光照
双孢蘑菇	7 d 后通风换气	23 ~ 25	70 左右	避光
巴氏蘑菇	播种 3 d 内微通风，保持菇房内空气清新	22 ~ 25	75 左右	避光
草菇	每天通风 2 次 ~ 4 次，每次 20 min ~ 30 min	30 ~ 35	80 以上	发菌 5 d 后每天 4 h ~ 6 h 光照
鸡腿菇	逐渐加大通风，温度高或者湿度大时，加大通风量	22 ~ 26	80 ~ 90	避光
大球盖菇	保持通风良好	23 ~ 27	85 ~ 90	避光
香菇	保持通风良好结合翻堆进行刺孔通气	22 ~ 25	60 ~ 70	避光
黑木耳	逐渐加大通风量，先小后大，先少后多	培养前 3 d：28 ~ 30；培养 3 d ~ 15 d：25 ~ 28；培养 15 d 后：22 ~ 24；培养后期：20	30 ~ 40	避光
毛木耳	经常通风，二氧化碳浓度不超过 1%	25 ~ 25	70 以下	避光

表 14（续）

名称	通风量	温度/℃	相对湿度/%	光照
平菇	加强通风，二氧化碳浓度不超过 0.06%	20～25	70 以下	避光
金针菇（工厂化栽培）	前期适当通风，中后期增加通风换气	20～22	60～70	避光
白灵菇	经常通风换气	22～26	60～70	避光
杏鲍菇（工厂化栽培）	保持通风良好	23～25	65 左右	避光
灵芝	加大通风量，每天2次～3次	25～28	70～80	避光
银耳	保持通风良好	培养前3 d：27～28；生长期：24～25	60	弱光
滑菇	保持通风良好	22～25		避光
茶树菇	一般每天 1 次～2 次	培养前3 d：25～27；培养6 d 左右：23～25	70 左右	避光
真姬菇（工厂化栽培）	保持通风良好	22～25	70～75	避光
猴头菇	保持通风良好	20～25	60～65	避光
灰树花	培养后期换气，控制二氧化碳浓度	初期：25～28，中期：23～25，后期：22	60～70	培养后期，光照度50 lx 左右

58. 何谓覆土栽培？哪些食用菌常用覆土栽培？覆土后怎样管理？

覆土栽培是指食用菌菌丝生长到一定程度时，在培养料表面均匀覆盖一层土粒进行出菇管理的过程。目前，木腐菌中常见的种类有香菇、灵芝、长根菇及灰树花。草腐菌中常见的种类有双孢蘑菇、巴氏蘑菇、大球盖菇及鸡腿菇等。几种食用菌覆土栽培如下。

（1）香菇。菌棒覆土前应准备好覆土材料和畦面。覆土材料以沙壤性肥土为好，需在烈日下曝晒 3 d~4 d，再按每立方米土用 5 kg 石灰水喷入土中，用薄膜覆盖 2 d 后备用。在选好的出菇棚内挖畦，宽 80 cm~100 cm，深 20 cm，长度不限。

把菌丝体达到生理成熟的菌棒脱去菌袋，紧靠平卧于畦内，先在排好的菌棒上喷洒一次清水，使菌棒充分湿透，然后在菌棒上覆盖一层厚 1 cm~2 cm、疏松、细碎的土。覆土后盖上塑料膜保湿。7 d~10 d 后去掉覆盖物，露出菌棒表面，浇一次重水，其后采用干湿交替的水分管理。待大量菇蕾形成后，再浇一次大水，使土层吸透水，以后不再喷水。采完 1 潮菇后，将菌棒翻转，再覆土按上述方法管理。

菌棒进行覆土排场、浇水后，可在畦上盖一塑料薄膜，但要定时掀开薄膜来通气及喷水。菌棒覆土后，要充分保湿，但又不能过湿而腐烂。一般覆土后 7 d~10 d，温度为 16 ℃~22 ℃，菇蕾即可破土而出，此时要浇一次大水，并加强通风。浇水后部分菌包会露出，此时需进行第二次覆土，将露出的菌棒盖严。从菇蕾出土到采摘，切勿直接往菇体上喷水，防止泥土溅到菇体上，影响香菇的质量。浇水的频率视土质情况及天气因素而定。待菇盖充分展开即可采收。

（2）灵芝。在林下整地，清除杂物，把表土集中堆放作覆土用土，后挖沟做畦，畦宽 80 cm～100 cm，深 25 cm～30 cm，长度视场地而定，畦地要拍平，四周要开好排水沟。当灵芝菌袋长满、转色后，先割去菌棒底部塑料膜，露出 5 cm 左右的培养料，然后将菌棒直立排放在畦床上，菌棒之间保持 4 cm～5 cm 的距离，然后用细碎的沙土或富含腐殖质的山土、表土填实，覆土后随即喷水，每次用水量不超过 1 kg/m²，达到土粒用手能捏扁，且有少许泥胶粘手为宜（整个出芝期覆土层湿度基本保持这个要求），每畦用小竹片加盖小拱膜保湿。覆土后保持温度 25 ℃～28 ℃，注意保湿、通风。一般覆土定植后 7 d～10 d，菌丝即扭结成原基，13 d～15 d 后原基可陆续长出土面，20 d 左右原基分化出菌柄，此阶段每天要把畦床上薄膜底脚揭开，通风 2 次～3 次，每次通风 20 min～30 min，如覆土发白，可结合揭膜喷水，喷水量以覆土含水量 25%，土粒无白心为宜。

（3）灰树花。在选好的场地内，挖成南北走向的小畦，畦长 2.75 m（视需排放菌棒的多少和实际地理位置情况而定），宽 1.1 m，深 0.25 m，前面高 0.6 m，后面高 0.22 m。畦床挖好后，先灌一次大水，待水渗下后，在畦床的表面撒一层灭好菌的土壤，厚 0.5 cm～1 cm，再在土层上撒一层石灰，菌棒沿畦长方向排开，分上下两层排列，下层放 19 段，上层放 18 段，一段紧靠一段地排放于畦沟内，段与段之间结合部位，用锋利的小刀在菌棒中部划出一长约 10 cm、宽 2 cm 的口子，上下层间菌棒割口对齐。菌棒间隙用消毒好的覆盖用土填充，同时在上层菌棒上盖一层厚度为 1.5 cm～2 cm 经灭菌处理过的土壤（121 ℃灭菌 2.5 h）。填土时先填周边，后填中间，先细土填隙，后粗土填平，畦面以略高出地面为宜。由于灰树花子实体会将其表面的泥土包入内部，造成产品质量下降，覆土后需在畦面放一层小枣大小的石子，把畦的周边盖上塑料薄膜。畦床覆土完毕后，及时浇水保湿，以均匀的喷水为宜，水量要充分、绵软，不可强烈，保证整个畦床的土壤湿润。在日常生产中可以根据场地适当调整每行排放的菌棒数量。同时可以根据出菇大小合理保留原基数目，比如隔段保留一朵，也可以隔两段或者更多段保留原基。若生产大朵型灰树花，还可以挖好深坑，将菌棒进行多层堆放，割口方式同上，中间层菌棒上下两侧均割一道口子，将菌棒垒成金字塔形，菌棒之间的空隙则用消毒好的覆土填充，同时将覆土没过顶段 1 cm ~ 2 cm。

（4）长根菇。以传统的大棚和林地覆土栽培进行介绍。

①大棚覆土栽培出菇法：菌袋长满菌丝后，可搬入经消毒灭虫的大棚内，成畦立式码放。开袋前，应取透气性良好的菜园土经 121 ℃灭菌 2.5 h 备用，准备工作做好后，把已生理成熟的长根菇菌袋选出来，拔去棉塞套环，并把袋口拆开，折成边缘比料面高 3 cm ~ 4 cm，再把灭菌后的菜园土略调湿，覆在长根菇菌袋料面上，厚 2 cm ~ 3 cm，然后把覆土调成含水量约 65% 的湿土。在靠近料面的塑料袋的不同侧面割 2 个 ~ 3 个渗水口，以防积水于袋内。将开好的菌袋间隔排放于地板或层架上进行出菇管理。催蕾期的喷水原则是"应勤喷水，喷轻水"，以防泥土太湿或结块，15 d ~ 30 d 就可现蕾，子实体生长期间的喷水应掌握"干干湿湿"的原则，太湿容易招虫害，而长期干燥又不利于子实体的生长。菌盖六分成熟时及时采摘，此时的农艺性状好，且有利于包装托运。

②林地覆土栽培出菇法：齐肩剪去袋口，用刀片划开袋子底部，便于从袋底吸收水分，菌袋整齐竖直排放于准备好的畦床内，表面覆 2 cm ~ 3 cm 厚的土粒；向畦面或覆土层浇 1 次 ~ 2 次透水，使土与菌包紧密接触，用竹条及农用薄膜做成小拱棚进行出菇管理。拱棚内的温度应维持在 15 ℃ ~ 28 ℃，低温时，应减少通风量，高温时及时掀开塑料薄膜进行通风和降温，并保持覆土层始终处于湿润状态，采用环沟内注水或表面细雾喷水，以避

免注水松动土粒或伤及土壤中的菌丝或幼蕾。覆土后 20 d 左右，表面形成大量咖啡色小菇蕾，随着菇蕾生长，其需氧量也适当增加，白天根据实际天气情况通过掀开一定幅度的薄膜增加通风换气次数和时间，夜间通过减小薄膜掀开幅度以维持拱棚内温度及二氧化碳浓度，促进长根菇的菇柄更快伸长。长根菇在适宜温度下生长速度很快，当菌盖成半圆形时应及时采收。每潮菇采完后，及时清理菇体残留物，表面用土补充平整。菌丝休养 3 d ~ 5 d 后，再喷水增湿及温差刺激促进下潮菇形成。长根菇属好气性真菌，在出菇阶段需经常通风换气，高温季节水分蒸发快，应及时补充水分。虽然长根菇对病虫害抵抗力较强，但也应保持栽培场地清洁。

（5）双孢蘑菇。以传统的常规粗、细覆土为例说明管理方法。播种 15 d 后覆粗土，一般厚度为 3 cm 左右。覆土后菇房通气 12 h 左右开始喷水，第一次每平方米喷水约 0.8 kg，2 h 后覆土完全吸收后进行第二次喷水，每平方米喷水 1 kg ~ 1.3 kg，以此类推，每天喷水 3 次 ~ 4 次。2 d ~ 3 d 后覆土的含水量达到 70% 左右，停止喷水，菇房继续通风 10 h，以后减少通风量，6 d 左右，当菌丝长满粗土三分之一处覆盖细土。细土的厚度为 1 cm 左右。细土覆盖后 12 h ~ 24 h 开始喷水，第一次每平方米喷水约 0.5 kg，2 h 后覆土完全吸收后进行第二次喷水，每平方米喷水约 0.7 kg，第三次喷水每平方米喷水约 1 kg。覆土的含水量达到 70% 停止喷水。覆细土 7 d 后加大菇房的通风，加大通风量 2 d ~ 3 d，同时将温度降到 20 ℃ 以下，及时喷结菇水，每平方米用水 1000 mL，分 2 d 喷入，每天 2 次 ~ 3 次，每次 200 mL，喷水后加大通风；当子实体普遍长到黄豆大小时，喷出菇水，每平方米 1000 mL，分 5 次 ~ 6 次喷入，喷水后逐渐减少菇棚通风量，保持空气相对湿度 83% ~ 90%。出菇期温度应控制在 20 ℃ 以下。高温时注意早晚多通风，水多多通风，雨大多通风，打扦后多通风。每潮菇采收结束时，及时整理床面，剔除床面上的老菇、死菇，补覆土，减少喷水量，加大通风量，促进土层菌丝复壮；当有菇蕾产生时，逐渐加大喷水量。采菇 1 潮 ~ 2 潮后，床面会出现土层菌丝板结现象，应及时打扦松动土层。

工厂化栽培通常采用泥炭土作为覆土材料。泥炭土最大的优点是吸水性强、持水性强。泥炭土中含有的部分残根、残枝，经过数百年甚至更长的时间，在微生物作用下，植物组织被降解，与土壤混合在一起具有高孔隙度和持水性。国外有专门生产双孢蘑菇泥炭土的公司，生产专用于双孢蘑菇栽培的泥炭土。国内一般由栽培企业自行处理。未经处理的泥炭土，含水量只有 20% 左右，pH 较低。因此，使用前应添加石灰，调整 pH 至 7.5 ~ 8；补充水分，调整含水量至 65% ~ 68%。使用时，将预先准备好的覆土材料均匀覆盖在料床上，厚度 3 cm ~ 4 cm。覆土后 3 d ~ 4 d，如果覆土层水分偏干，则应适当喷水。覆土期间室温控制在 22 ℃ ~ 24 ℃，料温控制在 24 ℃ ~ 27 ℃，土层含水量 70% 左右。覆土后 8 d ~ 10 d，菌丝到达覆土层 70% 以上，进入催蕾和出菇期管理。

（6）巴氏蘑菇。覆土一般选用田土和泥炭土。田土应选用刚种过水稻的田地耕作表层以下的土壤，先把泥土预先曝晒发白，消毒后备用。也可采用预先养土的方法，即选用团粒结构好的田土或沙壤土，每 3 m³ 土壤加入风干牛粪 100 kg、石灰 100 kg 混匀，浇透水，覆盖保湿堆积，15 d ~ 20 d 后晾干，并用自制碎土机打成碎土粒，晒干备用。晒干的泥炭土切成粒状，大小为 1 cm ~ 1.5 cm，放入 2% 石灰水中浸透后沥干备用。覆土层厚度为 2.5 cm ~ 3 cm，要求均匀一致。做好室内温湿度和空气的调控，覆土后不能马上喷水，待菌丝爬上土层后喷水，土层表面保持适度湿润，室温宜控制在 22 ℃ ~ 28 ℃，相对湿度以 80% ~ 85% 为宜，适量通风，保持室内空气新鲜。在条件适宜的情况下，从播种到现蕾需要 35 d ~ 40 d，快的只需 5 d 左右。当菇床土面涌现白色粒状的菇蕾时，开始喷出菇水，喷水量以土层吸足水分不漏至料层为准，禁止喷重水，以防死菇。通风管理应与水分配合进行，在调节水分期间，适当增加通风量，在子实体长至蚕豆大时应增强通风，菇房相对湿度保持在 85% ~ 90%，促使子实体粗壮生长。子实体采收期间不喷水，通风管理应根据菇房的温、湿度和外界气温灵活掌握，当菇房湿度大于 90%，温度高于 28 ℃时要加大通风。如果外界气温高于 30 ℃，应在早、晚或夜间通风，在炎热中午，可以采取菇房顶和四周喷水的措施以降低温度。每潮菇采收后应及时补土，保持床面平整，及时清除残留菇柄及死菇，停水 3 d ~ 4 d，而后调节覆土层 pH 至 7 左右，再重水催菇。水分管理总的原则是一潮菇喷一次，重水为主，多次轻喷为辅。巴氏蘑菇每潮菇历时 8 d，每潮菇结束后需要 15 d 的养菌时间。巴氏蘑菇出菇期可持续 3 ~ 4 个月，采收 4 潮 ~ 5 潮。

（7）大球盖菇。播种后 30 d ~ 35 d，菌丝长至料层 2/3 以上时进行覆土。有时表面培养料偏干，看不见菌丝爬上草堆表面，可以轻轻挖开料面，检查中、下层料中菌丝，若相邻的两个接种穴菌丝已快接近，这时就可以覆土了。具体的覆土时间还应结合不同季节及不同气候条件区别对待。例如：早春季节建堆播种，如遇多雨，可待菌丝接近长透料后再覆土；秋季建堆播种，气候较干燥，可适当提前覆土，或者分两次覆土。

菇床覆土一方面可促进菌丝的扭结，另一方面对保温保湿也起着积极作用。一般情况下，大球盖菇菌丝在纯培养的条件下，尽管培养料中菌丝繁殖很旺盛，也难以形成子实体，或者需经过相当长时间后才会出现少量子实体。但覆盖合适的泥土并满足其适宜的温、湿度，子实体可较快形成。

覆盖土壤的选择：覆盖土壤的质量对大球盖菇的产量有很大

影响。覆土材料要求肥沃、疏松，能够持（吸）水，排除培养料中产生的二氧化碳和其他气体。腐殖土具有团粒结构，疏松透气，适合作覆土材料。国外报道，50% 的腐殖土加 50% 泥炭土，pH 5.7，可作为标准的覆土材料。实际栽培中多就地取材，选用质地疏松的田园壤土。这种土壤土质松软，具有较高持水率，含有丰富的腐殖质，pH 5.5 ~ 6.5。森林土壤也适合作覆土材料。碱性、黏重、缺乏腐殖质、团粒结构差或持水率差的砂壤土、黏土不适于作覆土材料。

覆土方法：把预先准备好的壤土铺洒在菌床上，厚度 2 cm ~ 4 cm，最多不要超过 5 cm，每平方米菌床约需 0.05 m^3 土。覆土后必须调整覆土层湿度，要求土壤的持水率达 36% ~ 37%。土壤持水率的简便测试方法是用手捏土粒，土粒变扁但不破碎，也不粘手，表示含水量适宜。

覆土后较干的菌床可喷水，要求雾滴细些，使水湿润覆土层而不进入料内。正常情况下，覆土后 2 d ~ 3 d 就能见到菌丝爬上覆土层，覆土后主要的工作是调节好覆土层的湿度。为了防止内湿外干，最好喷湿上层覆盖物。喷水量要根据场地的干湿程度、天气的情况灵活掌握。只要菌床内含水量适宜，也可间隔 1 d ~ 2 d 或更长时间不喷水。菌床内部的含水量也不宜过高，否则会导致菌丝衰退。

（8）鸡腿菇。鸡腿菇是土生菌，不覆土即不出菇。覆土材料应选用具有良好通气性的肥沃壤土，不能用保水性和透气性差的沙土、胶泥土等作覆土用。如果覆土中掺入 15% 的过筛煤渣（应符合 GB/T 19630—2019 中表 A.1 的要求，如褐煤渣等）效果就更好。选好的覆土加入 2% ~ 3% 的生石灰粉，拌好后堆成堆，覆盖薄膜闷堆 24 h。覆土材料可按每 100 m^2 畦床用 2 m^3 覆土的用量制备。

当菌袋菌丝长满培养料后 5 d 左右进行覆土。横卧排放，分为脱袋覆土和不脱袋覆土两种方式。脱袋覆土是将菌袋脱去塑料袋后，横卧排放在整理过的畦面上，一个靠一个，每畦排放 3 袋~4 袋，宽 1 m 左右，长度不限，畦与畦之间相距 40 cm。然后覆盖细粒土壤，覆盖厚度为 3 cm~5 cm。接着喷水雾调节土壤水分，使土壤湿润（不可将水直接倒在土壤上）。不脱袋覆土是将菌袋直立排放在地面上，排放成宽 1 m，长度不限的厢状菌床。再将向上的一端袋口颈圈去掉，拉直塑料袋使之成筒状，然后在袋口上覆盖土壤，覆土厚度为 3 cm~4 cm，喷水雾调节水分。

59. 出菇期怎样进行通风、温度、湿度和光照管理？

主要根据食用菌生物学特性，进行不同环境（温、光、水、气）下食用菌栽培出菇期管理（表 15）。

表 15　常见食用菌出菇期对通风、温度、湿度和光照要求

名称	通风量	温度/℃	相对湿度/%	光照
双孢蘑菇	覆土 10 多天后，需要加大通风量，出现子实体原基后减少通风量，4 d~6 d 后，幼菇黄豆粒大时逐渐加大通风量	14~16	85~95	250 lx~500 lx 的散射光
巴氏蘑菇	温度高或湿度大时要加大通风。外界气温高于 30 ℃，应在早、晚或夜间通风	16~18	90 左右	子实体形成需要一定的散射光
草菇	每天通风 2 次~3 次，每次 20 min~30 min	30~32	95 左右	子实体形成需要一定的散射光

表 15（续）

名称	通风量	温度/℃	相对湿度/%	光照
鸡腿菇	幼菇形成后逐渐加大通风，温度高或湿度大时，加大通风量	12～24	85～90	子实体生长需要适当的散射光，子实体分化与生长阶段500 lx～1000 lx
大球盖菇	每日通风 2 h～3 h	14～25	85～95	子实体生长需要适当的散射光
香菇	加强通风	16～22	85～90	子实体生长必须要有一定的非直射光
黑木耳	露天栽培不考虑通风问题。大棚栽培需要逐渐加大通风量	15～25	80～90	子实体生长需要适当的散射光和一定的直射光
毛木耳	经常通风	15～25		需要充足的散射光
平菇	加强通风	12～18	90 左右	需要适当的散射光
金针菇（工厂化栽培）	适当通风	原基期：14～18，伸长期：6～8	80～85	原基期不需要光照

表15（续）

名称	通风量	温度/℃	相对湿度/%	光照
白灵菇	加强通风换气	12～15	85～90	600 lx 以上
杏鲍菇	二氧化碳质量浓度控制在 3000 mg/L	16～18	85 左右	1500 lx～2000 lx
灵芝	加大通风量，一般每天 2 次～3 次	25～28	80～95	保持光线充足
银耳	加强通风	20～25	80～90	成耳期给予充足散射光
滑子菇	加大通风量，一般每天 2 次～3 次	10～18	85	子实体生长需要适当的散射光
茶树菇	加大通风量，一般每天 2 次～3 次	20～24	85～90	250 lx～500 lx 的散射光
真姬菇	通风，二氧化碳质量浓度控制在 1500 mg/L～2000 mg/L	14～15	90～95	500 lx 间歇式光照，每天 10 h以上
猴头菇	保持通风	15～20	85～90	200 lx～500 lx
灰树花	每天通风 2 次～3 次	18～20	85～90	200 lx～500 lx

60. 出菇期可能出现哪些问题？

食用菌生长发育过程中受营养、环境、生物等因素的影响，常常发生非正常生长，出现地雷菇、畸形菇、死菇、空心菇、薄皮菇、开伞等现象。下面重点介绍香菇、平菇、黑木耳、金针菇、双孢蘑菇、巴氏蘑菇、草菇等食用菌出菇（耳）期常见的问题。

（1）香菇出菇期常见问题

①菇蕾枯死。当菌棒进入现蕾阶段，由于环境条件骤变，一部分菇蕾无法顶出菌皮而夭折。另一部分虽已长成幼蕾，但由于根基浅薄，无法抗拒恶劣环境的侵袭，导致菇蕾枯死。若气温较高，直射光较强，也会灼伤幼蕾，甚至造成死亡。

预防方法：湿度与光照调节。原基和幼蕾的枯死，主要是受干燥和直射光照的影响，因此必须注意湿度和光照管理。在原基分化成蕾，蕾生长至 2 cm～3 cm 大小幼菇前，大棚内防止空气湿度大幅度下降（相对湿度 60% 以下），杜绝直射光照到幼菇上，保持空气相对湿度 80%～90%，阴阳比为 7：3，即三阳七阴。保持幼菇生长在最佳温度下，以培育大菇和圆整菇，为幼菇长成优质菇打下基础。

②菇丁。由于恶劣环境的侵袭，一部分菇蕾枯死，还有一部分缺水，无法继续长大。这种长不大的香菇称为菇丁。菇丁经济价值极低，甚至没有商品价值。

预防方法：水分调节。造成菇丁大量产生的主要原因是 1.0 cm～1.5 cm 大小幼菇的菌棒缺水，空气干燥，菇细胞停止生长（即菌棒含水量降至 50% 以下）。因此，必须注意防止大棚内通风次数过多，加强保持湿度的管理，或通过喷雾使空气相对湿度保持在 60%～70%。疏去小蕾，减少营养消耗，保住每棒 5 个～8 个形成优质菇，减少菇丁发生。

③开伞。如香菇 939，当长成 2.0 cm～3.5 cm 大小的香菇时，在空气相对湿度 60%、温度 12 ℃ 条件下，一般都成为白香菇；当长到 3.5 cm 以上大小时，只能形成开伞菇，开伞菇品级较低。

预防方法：掌握好幼菇的成熟度，减少开伞菇。主要措施是适时掌握幼菇的成熟度，即在幼菇大多数长至 2 cm～3 cm 时，要防止突来的高温影响。因为较高的气温会使幼菇长得快，易开伞。在高温来临之前应及时降温，保证在低温条件下形成厚香菇。

（2）平菇出菇期常见问题

①不现蕾。可能原因：菌种不合适，高温季节使用低温菌种，或者低温季节使用高温菌种；缺少温差刺激，培养料含水量偏低，料面干燥；温度较高，空气干燥，培养料表面出现气生菌丝，影响菇类的生成；菌丝老化，形成较厚的菌皮；通风不良，二氧化碳浓度高，光照不足，延缓菌丝的营养生长。

预防方法：选用合适的菌种；通风降温，拉大昼夜温差6 ℃以上；喷水增湿，空气相对湿度提高到90% 左右，促进菇蕾形成；防止气生菌丝产生；料面菌膜增厚时，用铁丝耙划破；加强通风，增加散射光照，诱导菇蕾形成；转潮出菇，如袋内水分较干，可浸泡菌袋或向料内注水，补充水分，也可向料面喷洒冷水，以刺激出菇；出菇时，若菌袋两端料面出现大量菇蕾，用小刀割去多余的塑料袋，露出幼菇，切勿过早打开袋口，以免造成料面干燥，影响菇蕾形成。

②幼菇枯死。可能原因：高温环境，幼菇受热；培养料含水量过低，空气湿度小；二氧化碳浓度高，幼菇缺氧死亡。

预防方法：出菇期，一旦温度过高，及时进行通风和降温；增加喷水量，提高空气湿度，以喷雾状水为好，切勿用水直接喷幼菇；菇棚定期通风，补充新鲜空气，及时排除二氧化碳等有害气体。

③烂菇。喷水过多，加上通风不良，菇体表面积水，引起水肿、软化、腐烂。

预防方法：减少喷水，改善通风，一般在喷水后随即予以通风，让菇体表面的积水及时散发。

④菌柄细长、菌盖不分化。光照不足，多见于地下室或人防

地道内种菇；二氧化碳浓度高，促使菌柄迅速生长，菌盖形成困难。

预防方法：增加光照，增设人工照明灯；及时通风。

⑤袋内结菇。袋口解开晚；两头料面干燥，不利于菇蕾形成；料袋装得偏松，造成培养料与料壁间有较大的间隙。

预防方法：应用隔膜将料压紧，排出空气，使营养集中，供袋两头出菇。

（3）黑木耳出耳期常见问题

流耳是黑木耳生产中最主要的问题，其原因及预防方法如下。

①栽培环境不良。栽培场所的环境条件没有达到黑木耳菌丝体和子实体生长发育最适宜的温、湿、气、光等条件，黑木耳菌丝生活力下降，子实体生长缓慢或停止生长，为杂菌繁殖生长提供条件，易发生流耳现象。

预防方法：选择通风良好、水源干净、周边环境无污染的田块作为出耳场所，清除耳场杂草，畦面撒施生石灰粉溶液，以防病虫害发生。开好排水沟，以便在梅雨季节保持场地不积水。

②喷水不当。在黑木耳原基形成期，浇水过早，原基未封住刺孔口，水流进或渗入刺孔口内，容易造成感染。黑木耳原基分化期，刚形成的子实体原基处于芽孢状态，芽孢因吸水过多而发生细胞破裂，刺孔口处菌丝停止生长而退菌，形成的子实体原基失去菌丝营养供应而停止生长，造成霉菌感染或流耳。在耳片长到 2 cm ~ 3 cm 时，若向耳片直接喷水，会因积水而引起流耳。

预防方法：耳芽开片后，早晚各喷水 1 次，于早晨 10：00 前、下午 16：00 后进行。喷水掌握"干干湿湿"的原则，细喷、勤喷；向空中喷雾，不能直接对耳片喷水，并要注意气温高于 25 ℃时不能喷水，以防高温高湿产生流耳现象。及时处理烂筒、烂耳菌筒，感染霉菌后，用 GB/T 19630—2019 表 A.3 中列出的物质（如乙醇等）洗刷干净。如果出现烂耳，及时用刀刮净，再用 GB/T 19630—2019 表 A.3 中列出的物质（如乙醇等）刷净，以免感染到健康的耳片。

③高温高湿天气影响。子实体最适宜生长温度为 20 ℃ ～ 28 ℃，在超过 30 ℃的高温天气下，如遇连续雨天，耳片生长速度加快，耳片变薄，抵抗力减弱，常引起流耳现象发生。

④采收不及时、方法不当。黑木耳子实体营养丰富，且又是胶质状，采收不及时，子实体老化变薄，失去弹性，不但质量差，而且极易产生霉菌，造成流耳、烂耳现象。采收时耳片未采净，或者留有耳基等，杂菌容易滋生而发生流耳。

预防方法：全展开并略呈干缩时采收。采收前 1 d～2 d 停止喷水，一次采净，并去除残余的耳基，以免引起杂菌感染。特别是高温多雨季节，如遇连续阴雨天，成熟的黑木耳要及时采收，以免发生霉烂、流耳，造成损失。

（4）金针菇出菇期常见问题

①不现蕾。培养料含水量偏低，料面干燥。温度较高，空气干燥，培养料表面出现白色棉状物（气生菌丝），影响菇蕾形成。通风不良，二氧化碳浓度高，光照不足，延缓菌丝的营养生长。

预防方法：培养料面干燥，可喷 18 ℃ ～20 ℃温水，量不宜过多，喷后以不见水滴为宜。通风降温至 10 ℃ ～12 ℃。喷水增湿，使空气相对湿度提高到 80% ～85%，以防止气生菌丝产生。加强通风，增加弱光光照，诱导菇蕾形成。

②菇蕾发生不整齐。未搔菌，老菌种块上先形成菇蕾，料面上后形成菌蕾。搔菌后未及时增湿，空气湿度低，料面干燥，影响菌丝恢复生长。袋筒撑开过早，引起料面水分散发。栽培料装得过紧或过松，或含水量过大（超过 70%）。发菌过程中见光或光照过强。

预防方法：装料松紧适宜，发菌期严格遮光；通过搔菌，将老菌种块刮掉，同时轻轻划破料面菌膜，减少表面菌丝伤害，有利于菌丝恢复。催蕾阶段做好温、湿、气、光四要素的调节，促使料面菇蕾同步发生。气候干燥时，待到料面菇蕾出现后再撑开袋筒，防止料面失水。

③袋壁出菇。在袋壁四周不定点出现"侧生菇"。发生原因是袋料松。尤其是较为松软的培养料，在培养后期，袋壁与培养料之间出现间隙，一旦生理成熟，在低温和光照诱导下，出现侧生菇。

预防方法：装袋时将料装紧压实，上下均匀一致，料紧贴袋壁。

④料面沿袋壁四周出菇。撑开袋筒过早；发菌时间过长，料表面菌丝老化和失水。

预防方法：适温发菌，缩短发菌时间，减少料面水分蒸发；适时撑开袋筒；发现料面失水及时给予补水。

⑤菇蕾变色枯死。诱导出菇阶段，料面的小水珠未能及时蒸发，使菇蕾原基被水珠淹没，窒息而死。

预防方法：料面出现细小水珠时，逐渐加大室内的通风量，使这些小水珠尽快蒸发掉。水珠颜色呈淡黄色、清亮时为正常，若呈褐色、混浊时，则说明已被杂菌感染。

（5）双孢蘑菇和巴氏蘑菇出菇期常见问题

①死菇。菌床上长出的幼菇开始萎缩、发黄，最后成片或成批死亡。发生原因：a. 出菇时温度高（22 ℃以上），或春季气温回升过快，连续数天温度超过21 ℃，造成营养倒流，菇蕾或幼菇因得不到营养而萎缩死亡。b. 菇房通气不良，二氧化碳浓度大，小菇因缺氧而死亡。c. 覆土后至出菇前，菌丝生长过快，出菇部位高，出菇太密，部分菇蕾也因得不到营养而死亡。d. 气温较高（22 ℃以上），空气相对湿度高（95%以上），通气又差，造成菌丝体或覆土表面积水，小菇由于得不到充足氧气窒息而

死。e. 采菇时操作不慎，伤及小菇而死。f. 覆土层盐分偏高，或含有害物质，或喷洒过浓的肥水，造成养分不畅。

预防方法：首先要查找和分析病因，采取有针对性的防治措施。要根据当地气候条件，选择最佳播种期，避开高温时出菇；调整好菇房温度，防止高温侵袭；喷水的同时要开门窗通风，防止床面积水，采菇时小心操作；如果是覆土不适，要换土，追施营养浓度要适当，出菇期间不宜使用化学药物。

②地雷菇。又称顶泥菇，是在培养料内、料表或粗土层下发生，长大后破土顶泥而出的菇。多出现于产菇初期，质量差、出菇稀。而且在出土过程中，常常会伤害周围幼小菇蕾，影响正常出菇的产量和质量。发生原因：a. 培养料过湿，料中混有泥土，覆土层过干，使菌丝在覆土层下或培养料内扭结成原基，顶泥而出。b. 土层调水时间过长，加上菇房通风过度，室温降低，都会抑制菌丝向土层内生长，提早结菇；土层过厚，调水不及时，调水过快、过急或调水后通风过量，土层湿度不够，菌丝迟迟不上细土，会使结菇位下降而形成地雷菇。c. 喷结菇水过早、过急或过大，均会抑制菌丝向土层上部生长，使菌丝在粗土粒之间扭结成原基，造成出菇稀、结菇部位不正常的地雷菇。

预防方法：科学调制培养料，料中无杂质、不混入泥土，含水量适中；覆土层厚薄要均匀，干湿均匀；覆土后及时恰当调水，调水的同时要适当通风。但调水后要减少通风量，保持菇房空气相对湿度在85%左右，勿使料温和覆土温度相差过大，促使菌丝向土层内生长、幼菇顺利出土。并要做到适时适量喷洒"结菇水"。

③薄皮菇。菌盖与菌柄的间隙偏大，柄细、盖薄，提早开伞。发生原因：a. 出菇期间气温变化大，昼夜温差在10℃~15℃或受冷空气侵袭。b. 温度偏高而湿度又偏低，床面也偏干，子实体生长快，因得不到适宜的水分，致使幼菇早开伞。c. 培养料薄而偏

干，覆土薄，水分又不足，幼菇由于得不到充足营养和水分，菇体小、菌盖薄、提早开伞。d. 采收偏晚。

预防方法：调控好菇房温度和湿度，防止昼夜温差过大，气温骤变时要适当关闭通气窗，或在菇房顶及窗口加草帘，以保持菇房适宜的温度和湿度。培养料要发酵到位，含水量适中，铺床厚度适当。覆土调水要及时、适宜。采收要适时，不能过晚。

④硬开伞。菇床常出现未成熟的菇体，其菌盖与菌柄分离裂开，裸露出淡红色菌褶的现象就叫作硬开伞。发生原因：晚秋至初冬，温度突然下降，昼夜温差超过 10 ℃，造成料温、土层温度与气温之间的温度反差过大，土层中的菌柄生长快，而土层外的菌盖生长慢，两者生长不平衡造成开伞。尤其是菇房相对湿度较低时更易发生硬开伞。

预防方法：注意天气预报，在低温到来之前做好菇房保温工作，勿使冷风吹入，以降低昼夜温差；向菇房走道、墙壁及地上喷水，调节空气相对湿度。

⑤鳞片菇。菌盖表面出现龟裂起皮，似鳞片，故称鳞片菇。发生原因：产菇期土层板结、含水少，空气相对湿度偏低，不能满足菇体生长所需的水分和营养；菇房温度低、干湿变化大，菇体处于低温及干燥的环境中，菌盖表皮细胞失水快、发育慢；可能是菇体受到甲醛气体刺激；与栽培菌株性状有关。

预防方法：产菇期保持适宜的覆土层湿度和空气相对湿度；菌床缺水要及时补水；长菇期不要用甲醛等刺激性药物；选用优良菌株。

（6）草菇出菇期常见问题

在草菇生产过程中，常可见到成片的小菇萎蔫死亡的情况，给菇农带来严重的经济损失。其原因及预防方法如下。

①培养料偏酸。草菇喜欢碱性环境，pH 小于 6 时，虽可结菇，但难以长大，酸性环境更适合绿霉、黄霉等杂菌的生长，争

夺营养引起草菇的死亡。因此，在培养料配制时，适当提高料内 pH。采完头潮菇可喷 5% 草木灰水，以保持料内酸碱度 pH 在 8 左右。

②料温偏低或温度骤变。草菇生长对温度非常敏感，一般料温低于 28 ℃时，草菇生长受到影响，甚至死亡。温度变化过大，气温急剧下降，会导致幼菇死亡，严重时大菇也会死亡。

③用水不当。草菇对水温有一定的要求，一般要求水的温度与室温差不多。如在炎热的夏天喷 20 ℃左右的深井水，会导致幼菇大量死亡。因此，喷水要在早晚进行，水温以 30 ℃左右为好。根据草菇子实体生长发育的不同时期，正确掌握喷水方法。若子实体过小，喷水过重会导致幼菇死亡。在子实体针头期和小纽扣期，料面必须停止喷水。如料面较干，也只能在栽培室的过道里喷雾，地面倒水，以增加空气的湿度。

④采菇损伤。草菇菌丝，比较稀疏，极易损伤，若采摘时动作过大，会触动周围的培养料，造成菌丝断裂，周围幼菇菌丝断裂而使水分、营养供应不上。因此，采菇时动作要尽可能地轻。采摘草菇时，一只手按住草菇的生长基部，保护好其他幼菇，另一只手将成熟菇拧转摘起。如有密集簇生菇，则可一起摘下，以免由于个别菇的撞动造成多数未成熟菇死亡。

第六章　有机食用菌病虫害防治

61. 有机食用菌病虫害防治的原则是什么？

随着食用菌栽培生产规模的扩大以及周年化生产，一些食用菌老生产基地病虫害时有发生。食用菌病虫害种类多，侵害范围广，隐蔽性强，易交叉感染。病害多为真菌类和细菌类所致，其与食用菌生长发育所需的环境等各方面条件很相似。害虫个体小，如瘿蚊、螨虫等，繁殖速度快，往往潜伏在菌袋内，肉眼不易察觉，一旦发现，已造成危害。同时，菇蚊、菇蝇携带大量的螨虫、杂菌和病原菌，当其在培养料或菇体上取食和产卵时，就会传播螨虫、杂菌和病原菌，从而形成多种病虫害交叉感染。

对食用菌病虫害，预防是根本，及时防治是关键，不同食用菌品种、不同栽培地点和季节，其发生的病虫害种类也不尽相同，要根据各种病虫害的发生特点，因地制宜、灵活采取措施，有效防止病虫害发生或蔓延。另外，生物防治、物理防治等无公害防治技术是食用菌病虫害防治研究的重点方向之一。有机食用菌生产中病虫害防治要注意以下几个方面的原则。

第一，预防为主，源头防控。食用菌病虫害一旦发生，极难控制和防治，所以要高度重视食用菌病虫害预防，坚持早发现早防控的原则，及时采取措施将病虫害消灭在初发阶段，将损失降到最低。

第二，注重周围环境卫生。由于病虫害广泛存在于自然界中，故重视食用菌栽培环境卫生，可有效防止病虫害的发生。一般要求做到：①菇房场所必须远离厕所、污水池、畜舍、垃圾堆等污染源；②栽培前后对各种操作工具及栽培场地进行消毒；③菇房、用具、床架要定期消毒；④采下的病菇、虫菇不可随意丢弃，要及时清理及消毒处理，不留后患。

第三，规范操作，提高栽培水平。在食用菌栽培过程中，操作管理水平的高低也是食用菌病虫害有效防治的对策之一。食用菌生长旺盛时，可跟杂菌等竞争营养物质，从而抑制病原菌的生长，反之菌丝生长弱势，病害及杂菌容易侵入蔓延。因此，接种要严格按照无菌操作规程，所选菌种必须是优质抗病、菌龄适合的，基质材料要求新鲜、优质、无霉变，并按标准进行栽培和管理。

第四，采取综合措施防治病虫害。食用菌病虫害发生时，目前大多采用生态、物理、化学、生物等综合防治措施。有机食用菌生产应尽可能避免使用化学农药，若使用农药，必须符合GB/T 19630—2019 的要求，只能使用表 16 中列出的农药。

表 16　有机食用菌生产允许使用的农药

类别	名称和组分	使用条件
Ⅰ．植物和动物来源	楝素（苦楝、印楝等提取物）	杀虫剂
	天然除虫菊素（除虫菊科植物提取液）	杀虫剂
	苦参碱及氧化苦参碱（苦参等提取物）	杀虫剂
	鱼藤酮类（如毛鱼藤）	杀虫剂
	茶皂素（茶籽等提取物）	杀虫剂
	皂角素（皂角等提取物）	杀虫剂、杀菌剂
	蛇床子素（蛇床子提取物）	杀虫剂、杀菌剂
	小檗碱（黄连、黄柏等提取物）	杀菌剂

表16（续）

类别	名称和组分	使用条件
I．植物和动物来源	大黄素甲醚（大黄、虎杖等提取物）	杀菌剂
	植物油（如薄荷油、松树油、香菜油）	杀虫剂、杀螨剂、杀真菌剂、发芽抑制剂
	寡聚糖（甲壳素）	杀菌剂、植物生长调节剂
	天然诱集和杀线虫剂（如万寿菊、孔雀草、芥子油）	杀线虫剂
	天然酸（如食醋、木醋和竹醋）	杀菌剂
	菇类蛋白多糖	杀菌剂
	水解蛋白质	引诱剂，只在批准使用的条件下，并与GB/T 19630—2019附录A列出的适当产品结合使用
	牛奶	杀菌剂
	蜂蜡	用于嫁接
	蜂胶	杀菌剂
	明胶	杀虫剂
	卵磷脂	杀真菌剂
	具有驱避作用的植物提取物（大蒜、薄荷、辣椒、花椒、薰衣草、柴胡、艾草的提取物）	驱避剂
	昆虫天敌（如赤眼蜂、瓢虫、草蛉等）	控制虫害

表 16（续）

类别	名称和组分	使用条件
Ⅱ. 矿物来源	铜盐（如硫酸铜、氢氧化铜、氯氧化铜、辛酸铜等）	杀真菌剂，每 12 个月铜的最大使用量每公顷不超过 6 kg
	石硫合剂	杀真菌剂、杀虫剂、杀螨剂
	波尔多液	杀真菌剂，每 12 个月铜的最大使用量每公顷不超过 6 kg
	氢氧化钙（石灰水）	杀真菌剂、杀虫剂
	硫磺	杀真菌剂、杀螨剂、驱避剂
	高锰酸钾	杀真菌剂、杀细菌剂、仅用于果树和葡萄
	碳酸氢钾	杀真菌剂
	石蜡油	杀虫剂、杀螨剂
	轻矿物油	杀虫剂、杀真菌剂；仅用于果树、葡萄和热带作物（例如香蕉）
	氯化钙	用于治疗缺钙症
	硅藻土	杀虫剂
	黏土（如斑脱土、珍珠岩、蛭石、沸石等）	杀虫剂
	硅酸盐（如硅酸钠、硅酸钾等）	驱避剂
	磷酸铁（3 价铁离子）	杀软体动物剂
	石英砂	杀真菌剂、杀螨剂、驱避剂

表 16（续）

类别	名称和组分	使用条件
Ⅲ．微生物来源	真菌及真菌提取物（如白僵菌、绿僵菌、轮枝菌、木霉菌等）	杀虫、杀菌、除草剂
	细菌及细菌提取物（如苏云金芽孢杆菌、枯草芽孢杆菌、蜡质芽孢杆菌、地衣芽孢杆菌、荧光假单胞杆菌等）	杀虫、杀菌剂、除草剂
	病毒及病毒制剂（如核型多角体病毒、颗粒体病毒等）	杀虫剂
Ⅳ．其他	二氧化碳	杀虫剂，用于储存设施
	乙醇	杀菌剂
	明矾	杀菌剂
	海盐和海水	杀菌剂，仅用于种子处理，尤其是稻谷种子处理
	软皂（钾肥皂）	杀虫剂
	乙烯	——
	昆虫性外激素	仅用于诱捕器和散发皿内
	磷酸氢二铵	引诱剂，只限用于诱捕器中
Ⅴ．诱捕器、屏障	物理措施（如色彩/气味诱捕器、机械诱捕器等）	——
	覆盖物（如秸秆、杂草、地膜、防虫网等）	——

62. 怎样进行菇房消毒？

菇房消毒是预防食用菌病害的一个关键措施，通过菇房消毒能从源头上减少病原菌数量，控制食用菌病害的发生。但是在进行有机食用菌菇房消毒时需要注意按照 GB/T 19630—2019 的要求，使用的消毒用品必须是表 5 规定的消毒剂。根据 GB/T 19630—2019 的要求，常用的有机食用菌菇房消毒方法包括漂白粉消毒法、波尔多液消毒法、高锰酸钾消毒法、紫外灯消毒法、氢氧化钠（火碱）消毒法等。

（1）漂白粉消毒法。漂白粉喷雾，漂白粉 1 kg 加水 30 kg 喷雾。此法较为简单，不需要密封菇房，同时杀菌力和渗透性较强，消毒效果较好。但溶液要随配随用，否则会降低杀菌效果。漂白粉有腐蚀作用，操作时要注意防护。

（2）波尔多液消毒法。波尔多液喷雾，使用浓度为 1%（杀菌剂），即硫酸铜 1%，加石灰 3%，用水配制而成，通过喷雾对地面、墙面和出菇架进行消毒。

（3）高锰酸钾消毒法。用 0.5% 的高锰酸钾溶液喷雾，对菇房的地面、墙面以及菇架进行消毒。由于甲醛不能用于有机食用菌消毒，因此，普通食用菌栽培生产中常用的甲醛－高锰酸钾熏蒸法不能用于有机食用菌生产。

（4）紫外灯消毒法。用普通的紫外灯或脉冲强光灯对菇房进行消毒，紫外灯消毒主要针对物品表面和空气进行消毒，由于紫外线的穿透力差，单独使用时对菇房的消毒效果不佳。因此紫外灯消毒在菇房消毒中一般配合漂白粉消毒法、波尔多液消毒法、高锰酸钾消毒法进行使用。

（5）氢氧化钠（火碱）消毒法。氢氧化钠，俗称火碱、烧碱，对细菌、病毒均有强大灭菌力，对细菌芽孢、寄生虫卵也有杀灭作用。常配成 2% ~ 3% 的溶液进行菇房消毒。腐蚀性强，使用时要小心，勿溅到工作人员身上，尤其要注意防护眼睛和手。

配制溶液的时候一定要充分搅拌，一方面氢氧化钠在溶解过程中因为释放大量的热而融化板结在容器底部，另外氢氧化钠有极强的腐蚀性，溶于水时有强烈的刺激性气味，大量使用时一定要通风或戴上防毒面具。在用烧碱溶液对菇房消毒半天后，须用清水冲洗，以免烧伤皮肤。

63. 常见食用菌竞争性杂菌有哪些？

食用菌病害包括杂菌污染和侵染性病害。在食用菌培养过程中常遭到一些真菌和细菌的侵染，这些菌类称为杂菌。这些杂菌能快速地在培养基中生长，与食用菌竞争营养，分泌毒素，阻碍食用菌菌丝体在培养基质中的正常生长。菌袋被杂菌侵染后导致报废和环境污染，生产受到严重损失。细菌主要有芽孢杆菌、假单胞杆菌和欧文氏杆菌等，真菌主要有酵母菌、木霉、曲霉、青霉、链孢霉和链格孢霉等。

（1）细菌。大量细菌在母种培养基上聚集在一起形成明显可见的菌落，不同细菌菌落的形状、大小和颜色各异，有些菌落无色透明，仅在表面呈湿润的斑点或斑块，有些菌落明显呈脓状，多为白色或微黄色。细菌常污染菌种，尤其是母种，致使斜面上的菌丝不能正常蔓延；在栽培中主要污染生料栽培的食用菌，使培养料黏湿、色深并伴有腐臭味，食用菌菌丝不能正常生长。

（2）放线菌。放线菌在母种培养基上的菌落较大，表面多为紧密的绒毛状，坚实多皱，长孢后成粉末状，并伴有土腥味，这种气味是链霉菌的特征。放线菌主要污染菌种和熟料栽培的食用菌。

（3）酵母菌。酵母菌在母种培养基上菌落较大，多为圆形，有黏稠性，不透明，多数乳白色，少数粉红色，可污染各级菌种和栽培袋，尤其以母种培养基上最为常见，其他的培养基被酵母菌污染并大量繁殖后，会发酵变质，散发出酒酸味，食用菌菌丝不能生长。

（4）木霉。木霉又称绿霉，分布广，是食用菌栽培中极为常见、致病力强、危害最大的一种竞争性病害，几乎所有的食用菌在不同生长阶段都会受到侵染。危害食用菌的木霉有绿色木霉（*Trichoderma viride*）、深绿木霉（*Trichederma atroviride*）、哈茨木霉（*Trichoderma harzianum*）、长枝木霉（*Trichoderma longibrachiatum*）、多孢木霉（*Trichoderma polysporum*）等。

绿色木霉和康氏木霉都属半知菌亚门，丝孢纲，丝孢目，丛梗孢科，木霉属。菌丝分隔，分枝，无色，分生孢子梗对生或互生呈树枝状分枝，顶端小梗呈瓶形，小梗顶端生分生孢子团。绿色木霉的单个分生孢子多为球形，在显微镜下呈淡绿色。在琼脂培养基上，绿色木霉产生白色絮状菌丝（疏松的分生孢子梗），很快产生一团团绿色分生孢子，并形成同心轮纹状，在培养基内分泌淡黄绿色色素，菌落外观呈深绿色或蓝绿色。康氏木霉的分生孢子则为椭圆形、卵形或长形，在显微镜下单个孢子近无色，成堆时呈绿色。在培养基上，菌落外观为浅绿、黄绿或绿色。

绿色木霉在培养料上，菌落初期白色、致密，无固定形状，之后从菌落中心到边缘逐渐变成浅绿色，最后变成深绿色，出现粉状物；在 25 ℃ ~ 27 ℃ 的高温下菌落扩展很快，同时料面上新的菌落不断出现，形成大片绿色霉层。康氏木霉在培养料上初期产生白色菌丝，以后逐渐变为小团的絮状分生孢子。

木霉不仅能在培养料上竞争杂菌，还能侵入培养料内的食用菌菌丝中。由木霉菌引起的病害通常称为绿霉病。侵占木霉（*Trichoderma aggressivum*）在长满双孢蘑菇菌丝的堆肥上，能感染双孢蘑菇菌丝而导致大面积菇床表面菌丝萎缩和褪菌，不出菇，对双孢蘑菇生产造成毁灭性打击。

绿色木霉对香菇菌丝体具有极强的侵染能力，能迅速在菌筒表面扩展蔓延，并深入到菌筒内部，使菌筒中香菇菌丝体凋亡，病原菌与香菇菌丝之间有明显的暗红色条带，最后菌筒完全腐烂，导致极为严重的经济损失。

（5）曲霉。侵染食用菌的曲霉种类很多，最常见的是烟曲霉、灰绿曲霉和黄曲霉等。烟曲霉、灰绿曲霉和黄曲霉都属半知菌亚门，丝孢纲，丝孢目，丛梗孢科，曲霉属。营养体由具横隔的分枝菌丝构成。分生孢子梗是从特化了的厚壁、膨大的足细胞生出，并略垂直于足细胞的长轴，不分枝，顶端膨大成球形或棍棒形的顶囊，其表面产生辐射状单层或双层的小梗，在小梗顶端串生分生孢子，最后成为不分枝的链。分生孢子单胞，球形、卵圆形或椭圆形，黑色、黄绿色或淡绿色。菌落颜色随种而异。

培养料侵染初期零星发生，开始出现白色绒状菌丝，很快即变为有色的粉状霉层，形成黄绿色或黑、褐色粉末状分生孢子，占据料层，不仅与食用菌争夺养分，还分泌毒素抑制食用菌菌丝生长，导致袋料完全报废。

（6）青霉。危害食用菌的青霉主要有圆弧青霉、产黄青霉、产紫青霉、指状青霉和软毛青霉等。多数青霉喜酸性环境，培养料及覆土呈酸性较易发病。青霉主要在食用菌菌丝生长阶段为害。

青霉属半知菌亚门，丝孢纲，丝孢目，丛梗孢科，青霉属。菌丝体无色、淡色，具横隔。由菌丝上形成直立分生孢子梗，先端呈帚状分枝，由单轮或两次到多次分枝系统构成，对称或不对称，最后一级分枝即为分生孢子小梗。小梗用断离法产生分生孢子，形成不分枝的链。分生孢子球形、椭圆形或短柱形，多呈蓝绿色，有时无色或呈多种淡的颜色。菌丝质地可分为绒状、絮状、绳状或束状，多为灰绿色，且随菌落变老而改变。菌落的颜色有绿色、黄绿色、蓝色等，在菌落外圈常见白色的新生长带。

青霉侵染培养料初期料面出现白色绒状菌丝，1 d~2 d后菌落渐渐变为青蓝色或绿色的粉末霉层，覆盖在培养料表面，分泌毒素，使食用菌菌丝生长受抑制、变弱并易引起其他寄生真菌的侵染。

（7）链孢霉。链孢霉又称红色面包霉、串珠霉，是一种生长极快的气生霉菌，是袋料栽培和菌种生产中威胁性很大的竞争性病害，在平菇、茶树菇、凤尾菇栽培后期常大面积发生，引起培养料腐烂而不能继续出菇。链孢霉中以粗糙脉纹孢霉和面包脉纹孢霉对食用菌危害最严重。

链孢霉在无性阶段属半知菌亚门，丝孢纲，丝孢目，球壳菌科，丛梗孢属；有性阶段属子囊菌亚门，子囊菌纲，粪壳菌目，粪壳霉科。危害食用菌主要是在该菌的无性阶段。分生孢子梗直接从菌丝上长出，与菌丝无明显差异，梗顶端形成分生孢子，并以芽生方式形成长链，链可分枝，分生孢子链外观为念珠状。生长后期菌丝也可断裂成分生孢子。分生孢子卵圆形或球形，无色或淡色。病原菌菌丝初期为白色或灰色，绒状，匍匐生长，分枝，具隔膜，后逐渐变成粉红色，并在菌丝上层产生粉红色粉末。

被污染的菌种及培养料，初期长出灰白色纤细菌丝，生长迅速，几天后在瓶袋外形成橘红色粉状孢子团，明显高出料面。最明显的症状是在棉塞和菌种表面堆积大量分生孢子，呈现出粉红色粉层，粉层厚度可达 1 cm 左右，致使成批菌种报废。

（8）链格孢霉。链格孢菌又称黑霉菌，危害食用菌的常见种为互隔链格孢霉等。在食用菌制种及栽培过程中常见。互隔链格孢霉属半知菌亚门，丝孢纲，丝孢目，暗色菌科，链格孢属。菌丝黑色，有隔，分枝。分生孢子梗短，色深，不分枝，顶生分生孢子。分生孢子串生，黑褐色，多细胞，有纵横隔膜，呈砖隔状、椭圆形或卵圆形，有长喙。在培养基上，菌落呈灰黑色绒状。

菌种和栽培料被侵染后在菌种和菇床表面产生一层黑色或墨绿色的霉层，使培养料腐烂，导致食用菌菌丝无法生长。

（9）其他真菌。在双孢蘑菇、草菇、巴氏蘑菇等已发酵的培养料上，普遍发生的竞争性病害主要是褐色石膏霉病和胡桃肉状病。此外，还有叉状炭角菌、毛头鬼伞、墨汁鬼伞、粪鬼伞和晶粒鬼伞等竞争性杂菌。褐色石膏霉病菌在覆土层表面似石膏粉末状，可抑制覆土层中食用菌菌丝体生长，阻止食用菌菌丝扭结，或推迟出菇时间。胡桃肉状病菌主要在覆土层危害双孢蘑菇、鸡腿菇等食用菌，也危害金针菇和平菇菌袋，后期形成粒状的红褐色子囊果，表面有脑状皱纹，似胡桃肉状，使食用菌菌丝逐渐萎缩。

在段木上生长的各种木腐真菌，如各种多孔菌类、革菌类，也与食用菌菌丝体在段木中竞争营养。

64. 竞争性杂菌的防治方法有哪些？

食用菌竞争性病害一般均喜高温、高湿、偏酸性环境。培养料含水量偏高，空气相对湿度较大，发菌室温度较高以及通风不良等都易使病原菌大量滋生。病原菌可以通过菌丝体、分生孢子或产生厚垣孢子在病残体、堆积杂物、空气或土壤中长期存活，形成初侵染源；并通过分生孢子凭借气流、水流飘浮扩散，造成再侵染。培养料、接种箱、接种室消毒不彻底，棉塞受潮，塑料袋破损、裂口，接种时不遵守无菌操作规程等均会造成病原菌大面积侵染危害。木霉的发生与食用菌菌种纯度有直接关系；链孢霉极易在各种潮湿的有机物如甘蔗渣、棉籽壳、玉米芯、麸皮、米糠等上发生，引起食用菌发病，造成初侵染。竞争性杂菌的防治方法如下：

（1）预防为主，防重于治。食用菌是一种即收即食的农产品，不宜用施洒农药的办法来防治病害。许多病原菌菌丝与食用菌菌丝交织缠绕在培养料里，无法靠施药彻底铲除。

（2）严把菌种关，选择适宜播种期。选择抗性强、菌丝健壮、发菌快、与栽培时期相符、菌龄适宜的高产母种。认真挑选栽培种，有异常的菌种一定要淘汰，防止菌种带入病菌。接种时适当增加播种量，以利于快速发菌，形成菌丝生长优势。选择最佳播种期，春栽不宜过迟，秋栽不宜过早。

（3）选用优质培养料。培养料应无虫、无霉变。培养料中的麸皮及米糠比例尽量降低，并适当增加石灰石、石膏等用量，特别是高温季节进行生料栽培。培养料含水量应适宜，随拌随用，以防酸败，因为霉菌多喜酸性环境。

（4）控制栽培条件。料温不超过 28 ℃，发菌比较安全，同时基质含水量与空气湿度不宜过高，调控好棚内温度并保持通风良好。

（5）搞好环境卫生。菇房、菌种厂应远离仓库、饲养房；接种室、培养室要定期清扫，并用漂白粉消毒法、波尔多液消毒法、高锰酸钾消毒法和紫外灯消毒法彻底消毒；污染的菌种和病菇要带出菇房烧毁或深埋；合理处理菌渣，不得随地丢弃。

（6）操作严格规范。灭菌、接种、发菌等环节要严格实施无菌操作；培养料要灭菌彻底；避免棉塞受潮；防止菌袋破损等。

65. 常见食用菌侵染性病害及防治措施有哪些？

侵染性病害是指子实体或营养菌丝体受到病原物侵染，导致菌丝体无法继续生长发育，出现萎缩、褪菌和凋亡等现象。不同病害的特点不同，防治措施也不同。常见食用菌侵染性病害及防治措施如下：

（1）毛木耳油疤病。木栖柱孢霉既可以在毛木耳菌袋中污染培养料，也可以在菌丝长满菌袋后感染菌丝体。毛木耳菌种袋或栽培袋感染木栖柱孢霉后，初现深褐色圆形病斑，之后病斑迅速向四周扩散，引起一种菌丝体病害——毛木耳油疤病。

防治方法：侵染营养菌丝体的病原来源和传播方式与污染性杂菌类似，其预防和控制措施与杂菌污染的方法相同。

（2）细菌性斑点病。细菌性斑点病是由托拉斯假单胞菌引起的，主要侵染平菇和双孢蘑菇。局限于菌盖上，开始菌盖上出现黄色或茶褐色的斑点，然后变成暗褐色凹陷的斑点，如果湿度过大或菌盖表面有水膜，斑点表面会形成菌脓，菌肉变色部分一般很浅，很少超过皮下 3 mm。

防治方法：减小温差，喷水后及时通风，避免子实体表面形成水膜，是防治细菌性斑点的主要措施。

（3）蘑菇菌褶滴水病。蘑菇菌褶滴水病是由蘑菇假单胞菌引起的，主要侵染双孢蘑菇。在蘑菇开伞前没有明显的病症，菌膜破裂后常感染菌褶。在感染的菌褶组织上形成奶油色的小液滴，甚至导致大多数菌褶烂掉，变成一种褐色的黏液团。

防治方法：该病多由工作人员或昆虫传播。浇水过多时，发病最严重。注意消毒，合理控制浇水。

（4）蘑菇干腐病。蘑菇干腐病是由假单胞菌引起的，主要症状是发病区内的蘑菇畸形，呈茶褐色，典型特征是蘑菇菌盖歪斜，患病蘑菇比健康蘑菇的菇根更发达，菌柄基部稍微膨大，但不会烂掉，而是逐渐萎缩和干枯。典型干腐病症状发生在第一潮菇峰期，子实体生长稀疏，发育延迟，病菇菌盖歪斜，菌索粗糙，菌柄膨胀；病原菌生长在幼小病菇的菌柄和菌索组织内，而不会生长在健康蘑菇及其菌索上。如果病菇的菌盖从菌柄上断下来，在菌盖着生的部位可看到一个暗褐色的小病区。把菌柄纵向撕开，也可发现一条暗褐色的变色组织。用小刀切病菇的病柄时，有砂样的感觉。

防治方法：一般认为病原菌是沿着蘑菇菌丝传播的，如果发现病害，注意清除和隔离，干腐病便不会蔓延。

（5）杏鲍菇细菌性软腐病。引起杏鲍菇细菌性软腐病的病原菌在分类上属于欧文氏菌属。最初在子实体或原基表面出现水渍状病斑，病斑逐渐向四周和深处扩展，病斑的轮廓逐渐变得模糊。如果空气湿度持续过高，病害加重，严重的会导致受害部位逐渐变软，变黏滑，使子实体变形，甚至整个子实体崩解为没有组织的黏糊细胞堆。黏滑物通过滴溅或接触传播到其他子实体上，引起新的侵染。

防治方法：如果温差过大，菇房内湿度大，易发生杏鲍菇细菌性软腐病。病害发生后，通过喷水时飞溅到相邻的子实体上传播。因此控制该病害的关键是注意控制菇房内的温差和湿度，不要直接向子实体上喷水。

（6）湿泡病。湿泡病又称疣孢霉病，是危害双孢蘑菇较严重的一种病害。菌丝感染后菌床表面出现白色绒状物，绒状物逐渐变成黄褐色，并渗出褐色水滴，腐烂。子实体原基分化时被感染，子实体形如马勃状。子实体分化时被感染，表现症状为菌柄膨大，菌盖小，菇体有白色绒毛，后逐渐变为褐色。

防治方法：强调废料及时处理，菇房严格消毒，覆土要消毒处理，发病区培养料用杀菌剂拌料，菇床上出现病菇，要及时挖除，撒上杀菌剂，不能浇水，防止随水流传播。

（7）褐斑病。又称干泡病、轮枝霉病，是由轮枝孢霉菌引起的。主要侵染双孢蘑菇子实体，在蘑菇未分化期染病，被害幼菇形成一团小的干硬球状物，子实体分化后染病，菌柄变粗、变褐，菌盖歪斜，病菇上着生着一层灰白色病原菌菌丝；分化完全的子实体感病，菌盖顶部生出丘疹状的小凸起，或在菌盖表面上出现灰白色病斑。

防治方法：轮枝霉主要存活于土壤及空气中，初次侵染可能是土壤和空气中的病原孢子萌发所致，而后的迅速蔓延则是通过人体、工具、虫类或喷水时飞溅所传播，当菇房通风不良，湿度过大时易发生。注意控制菇房内的消毒、通风和湿度，预防病害的发生。一旦发现该病害，及时清除病菇，注重防虫和工具消毒，避免传播。

（8）病毒引起的菌丝体侵染性病害。随着研究技术的不断进步，研究水平的不断提高，已在双孢蘑菇、香菇、糙皮侧耳、刺芹侧耳、草菇、茯苓、银耳和金针菇等食用菌中检测到病毒或类似病毒颗粒。食用菌感染病毒后，多数情况下被感染的寄主并无症状表现，但一部分食用菌病毒能引起寄主菌丝体表现出明显的症状，主要症状包括菌丝生长速度慢，长势弱，菌落形状不规则，局部伴有缺刻或菌丝紊乱等。许多食用菌上都发现了病毒病，大多数菌丝体感染病毒后，在子实体阶段才表现出症状。香菇病毒病在子实体上表现为子实体畸形，产量和品质受到严重影响。双孢蘑菇病毒病在子实体上表现为菌柄细长、菌盖薄等畸形，子实体变色、生长停滞、产量下降，而且随着栽培地区、栽培条件、侵染时期不同，症状有所差异。

防治方法：病毒性病害主要由使用带病毒的菌种造成，因此关键是使用无病毒感染的健康食用菌菌种。

（9）线虫引起的病害。线虫可以危害食用菌的整个生育期。在菌丝体阶段受害初期，双孢蘑菇菇床上菌丝呈零星状潮湿斑，似水渍状，明显变稀疏，颜色加深，后期可见培养料下沉、变黑、发黏，有腥臭味。发生严重时，强光下能看到白色纤细丝状物——线虫蠕动。在食用菌上发现的线虫种类比较多，国内外报道有20多种，大部分属于自由生活类群。直接取食危害食用菌菌丝体的病原线虫主要有蘑菇菌丝茎线虫和堆肥滑刃线虫两种，它们用刺状口器刺入蘑菇菌丝吸吮菌丝营养，大量线虫危害能使长满菌丝的培养料很快变成一块潮湿、带恶臭、完全见不到菌丝的病变区。近年来香菇夏季脱袋地面栽培方式不断发展，线虫危害香菇菌丝的情况也日益普遍。

防治方法：控制和预防线虫的措施主要包括做好菇房及周围环境卫生、做好菇房消毒、培养基灭菌要彻底、使用健康菌种、覆土材料要做好消毒、栽培中使用清洁水源、控制虫害等。通过这些措施切断线虫的来源和传播，从而达到有效控制线虫的目的。

66. 生理性病害及其防治方法有哪些？

在食用菌栽培过程中，常会受到一些不良的环境因子和物理化学因子的影响，出现生长发育中的生理性病变，主要以畸形菇为主，导致产量下降，品质降低，严重时甚至绝收。主要表现如下：

（1）菌丝徒长。食用菌接种后营养生长过旺，绒毛状菌丝生长致密，形成菌被。出现这种情况与菌种特性和环境条件有关，土层含水量较少、培养料含氮量过高、通风不良、空气湿度过大等都易引起菌丝徒长，产生"冒菌丝"现象。

防治方法：选用优质菌种；将板结的菌被撬松、破坏掉；覆盖细土，增大通风量，降低空气湿度；用温差和机械刺激等方法促使菌丝扭结，形成子实体。

（2）菌丝萎缩退化。在发菌及出菇阶段，有时会出现菌丝发黄、发黑、萎缩退化甚至死亡的现象。培养料碳氮比失调、培养料酸化、滋生杂菌、消毒杀菌药剂使用不当、料内残留有害物质等均不利于菌丝的生长。

防治方法：应加强预防，做好培养料的配制与发酵，并认真检查培养料，测试酸碱度，找出具体原因，视不同原因与菌丝退化情况，采取不同的补救措施。

（3）不形成菌盖。子实体成菜花形或珊瑚状，引起原因主要是栽培室内二氧化碳浓度过高，湿度过大，无散射光。

防治方法：原基形成后，打开或去掉薄膜，加大通风换气；原基形成后，室内空气相对湿度控制在85%～95%，每天给予一定的散射光。

（4）高脚菇。表现症状是菌柄细长、菌盖小、颜色发白。引起原因为栽培室光线过弱，二氧化碳浓度过高；幼菇生长期间气温偏高。

防治方法：原基形成后，要给予足够的散射光；加强通风管理；选择高温型品种。

（5）瘤盖菇。表现症状为子实体生长极慢，菌盖表面出现瘤状、颗粒状突起。引起原因为幼菇在生长期间持续低温。

防治方法：根据栽培季节，选择适当的品种；遇到持续低温时，应注意覆膜和增温。

（6）死菇。表现症状为菇蕾或大小不等的子实体萎缩变黄，停止生长，成批死亡。引起原因为菇房持续高温，通气不良，二氧化碳浓度过高；第1、2潮菇过密，采收不慎，损伤周围菇蕾。

防治方法：合理安排播种时间，避开高温季节出菇；调节适宜温度，适量喷水，加大通风，以免出菇过密。

（7）红根菇。表现症状为菇脚发红。引起原因是气温偏高，采收前喷水过多。

防治方法：调节通风量，采菇前停止喷水。

67. 常见食用菌虫害有哪些?

（1）食用菌主要虫害种类。

近年来，随着食用菌产业的迅速发展，食用菌害虫已越来越猖獗，并成为了食用菌发展的重要制约因素之一。由于食用菌害虫个体小、隐蔽性强、繁殖快，加之食用菌子实体缺乏防护、营养丰富，虫害一旦爆发很难控制。虫害的发生又会导致其他病原物污染，造成病害流行，带来更大经济损失。据报道，食用菌害虫（除害螨外）达11目44科90余种，害螨14科26种（表17）。食用菌轻简化设施栽培中，害虫主要种类有双翅目、蜱螨目、鳞翅目、弹尾目等，其中双翅目虫害危害最广、种类最多、螨虫分布广、隐蔽性最强、防治最难。

表17　目前国内已报道的食用菌害虫

序号	目	科数	种数	害虫名称
1	双翅目	9	26	平菇厉眼菌蚊、闽菇迟眼菌蚊、韭菜迟眼菌蚊、宽翅迟眼菌蚊、蘑菇眼菌蚊、独刺厉眼菌蚊、梵净厉眼菌蚊、基钩厉眼菌蚊、梵净毛眼菌蚊、中华新菌蚊、小菌蚊、多菌蚊、草菇折翅菌蚊、真菌瘿蚊、异翅瘿蚊、金翅菇蚊、黑粪蚊、蘑菇屹蚤蝇、短脉异蚤蝇、白翅蚤蝇、家蝇、厩腐蝇、黑腹果蝇、杂腐菇果蝇、扁足蝇、毛蠓
2	鳞翅目	5	16	平菇类须夜蛾、星狄夜蛾、斜纹夜蛾、甜菜夜蛾、黄地老虎、小地老虎、大地老虎、灰谷蛾、食丝谷蛾、灵芝谷蛾、香菇阔尾蛾、印度螟蛾、粉斑螟蛾、地中海螟蛾、麦蛾、造桥虫
3	鞘翅目	13	24	大黑伪步甲、黑光伪步甲、凹赤薯甲、隐翅甲、锯谷盗、土耳其扁谷盗、脊胸露伪甲、露伪甲、烟草甲、窃蠹、褐天牛、桑天牛、绿天牛、八星花天牛、四条花天牛、虎斑象天牛、吉丁虫、姬黑虎天牛、日本虎天牛、栗山天牛、沟金针虫、食菌花蚤、冷杉小蠹、金龟子
4	弹尾目	6	10	紫跳虫、棘跳虫、长角跳虫、球角跳虫、绿圆跳虫、姬圆跳虫、红缺弹器跳虫、菇疣跳虫、黑扁跳虫、黑角跳虫
5	直翅目	3	6	东方蝼蛄、华北蝼蛄、大蟋蟀、北京油葫芦、银川油葫芦、杜露蟊
6	等翅目	2	3	黑翅土白蚁、黄翅大白蚁、家白蚁

表17（续）

序号	目	科数	种数	害虫名称
7	缨翅目	1	1	蓟马
8	革翅目	1	1	日本蠼螋
9	膜翅目	2	2	红蚂蚁、褐蚁
10	半翅目	1	1	膜喙扁蝽
11	蜚蠊目	1	1	蟑螂
12	蛛形纲蜱螨目	14	26	兰氏布伦螨、腐食酪螨、害长头螨、申菇长头螨、食菌嗜木螨、庐山粉螨、粗脚粉螨、上海嗜木螨、热带食酪螨、椭圆食粉螨、拟褐马长头螨、矩形拟矮螨、中国拟矮螨、蘑菇拟矮螨、尼氏穗螨、食菌穗螨、吸腐薄口螨、速生薄口螨、害食鳞螨、拱殖嗜渣螨、食粪巨螯螨、普通肉食螨、马六甲肉食螨、栗下盾螨、滑菌甲螨、新毛甲螨

（2）食用菌主要虫害的生物学特性

①双翅目主要害虫生物学特征。这类害虫危害多种食用菌，如平菇、蘑菇、姬松茸、茶树菇、杏鲍菇、白灵菇、金针菇、姬菇、灰树花、黑木耳等。幼虫直接取食食用菌的菌丝和培养料中原基或钻蛀幼嫩菇体，造成退菌、原基消失、菇蕾萎缩死亡、菌柄折断倒伏、耳片缺刻和菇体孔洞等；被害部位基质成糊状，发黑发黏，继而感染各种霉菌造成菌袋污染报废。真菌瘿蚊以幼体生殖为主，一般8 d～14 d即可繁殖一代，幼虫很快爬满培养料和菇体，为害严重。成虫体上常携带螨虫和病菌，随虫体的活动而传播，造成多种病虫害同时发生。

这类害虫的幼虫一般不耐干燥，初孵化的幼虫群集于水分较多的腐烂料内，老熟幼虫爬出料面，在袋边或菇脚处化蛹，以蛹或卵的形式越夏，冬季在菇房内一般能安全越冬，在适宜条件下可全年繁殖。成虫有趋光性，多数种类对糖醋酒液、废料浸出液有一定趋性，对菌丝有产卵趋性，喜欢在袋口和菌床上飞行和交配。在菇类栽培期，温湿度适宜，10 d～30 d 即可繁殖一代，并且世代重叠发生。一般春秋两季有两次发生高峰，尤以春季雌雄性比高，繁殖量大，危害更为严重。

②鳞翅目主要害虫生物学特性。这类害虫主要以幼虫危害多种食用菌的培养料和子实体，有许多种害虫仅在仓库中危害食用菌的干货。如印度螟蛾以幼虫蛀食香菇、金针菇、真姬菇等食用菌的干品，造成菇体孔洞、缺刻、破碎和褐变。黄地老虎主要以幼虫咬食天麻籽或茯苓菌块，造成孔洞和缺刻；咬断蜜环菌菌索，切断天麻养分来源，造成死麻和烂麻；咬食灵芝菇蕾，造成畸形和死菇。平菇尖须夜蛾一般取食平菇的菌丝和菇体。而星狄夜蛾杂食性强，能以多种食用菌为食，危害平菇、草菇、凤尾菇、灵芝、黑木耳、盾形木耳和毛木耳的子实体及菌丝，且是灵芝和木耳类子实体生长阶段的主要害虫；其食量颇大，并排出大量粪便，污染菇体品质。夜蛾类害虫常在 7 月—10 月暴发，老熟幼虫在子实体或培养料面上以菌肉粉末、培养料和粪便混合作茧或不作茧化蛹，成虫羽化多在午后，有趋光性，卵散产于子实体与培养料表面上。

（3）鞘翅目主要害虫生物学特性。鞘翅目害虫主要钻蛀危害菇木，使其出现巢隙、蛀孔或隧道，引起菌丝的萎缩和变色，减少出菇，或感染霉菌引起病虫并发。多数种类在段木中完成其整个生活史，也有些种类成虫和幼虫还危害子实体。如隶属于鞘翅目，伪步甲科的大黑伪步甲是香菇、黑木耳段木上的主要害虫。其幼虫危害菇木，成虫危害子实体。锯谷盗、土耳其扁谷盗、脊胸露伪甲等主要以幼虫危害草菇、香菇、木耳等干品。

（4）弹尾目主要害虫生物学特性。弹尾目害虫主要指无翅的低等小型跳虫类。弹尾目跳虫类害虫主要危害蘑菇、平菇、香菇、草菇、木耳、鸡腿菇、竹荪等多种食用菌的菌丝和子实体，同时携带螨虫和病菌，造成菇床二次感染，常在夏秋季节暴发危害。在跳虫暴发时，即使用药也很难快速控制虫口数量，常常导致栽培失败，该虫世代重叠，生长季节各虫态同时存在，以成、若虫在土缝、根际等潮湿荫蔽处越冬，食性甚杂。该虫具有明显的趋湿、趋暗、群集及植食和腐食性。在菌菜间作田，由于菜架脚下的落叶和有机肥适宜跳虫的滋生，于是成为危害食用菌的跳虫来源。

（5）螨类主要害虫的生物学特性。螨类是菌种生产和食用菌栽培的大敌。优势种类中为害最严重的有腐食酪螨、食用嗜木螨、矩形拟矮螨、蘑菇拟矮螨等。害螨在菌种场中普遍存在，腐食酪螨的耐寒、耐饥能力很强，喜温暖、潮湿环境，不耐干燥，在潮湿的环境下繁殖快，发生量大。其食性极杂，经常发生于菌种瓶、菌种袋、菇床和菌块上，危害凤尾菇、平菇、灵芝、银耳、猴头菇等；在棉子壳、麦麸、米糠和厩肥等食用菌栽培料中也大量发生。

68. 有机食用菌虫害怎样防控？

（1）清除虫源。切断害虫的侵入途径是菇房害虫防治的首要一环，许多科技工作者相继提出了选择良好的栽培场地，避开有虫源的地方；清洁栽培场地和菇房，保持干燥无积水；翻耕曝晒露天场地并结合撒石灰耙入土中；选用高产并抗虫害的品种；培育适龄、健壮、无螨的菌种。这些措施已在生产中普遍应用，起到了良好的预防作用。

（2）物理方法。物理方法的采用为菇房害虫防治开辟了新的途径，例如：利用电子灭蚊器、高压静电灭虫灯及黑光灯诱杀双翅目害虫，用铁丝钩捕杀段木中的天牛等鞘翅目的害虫，用银灰色涂胶板诱杀蓟马，用红色或黄色涂胶板诱杀菇蚊，用黑光薄膜诱杀害螨以及结合前潮采收后补充水分进行菌袋（块）浸水窒息消灭幼虫和蛹，都有经济、安全、有效的特点。

（3）生物防治。生物防治方法以其独特的优点越来越得到重视，并成为今后的发展趋势。现报道的生物方法主要有：运用捕食性动物、寄生性生物和病原微生物。捕食性动物主要指双革螨（*Digamasellus fallax*）、粪寄螨（*Parasitus finetorurm*）、窄蛛螨（*Arctoseius cetratus*）等捕食性螨类，其能捕食双翅目、蜱螨目和线虫纲的多种害虫。寄生性生物主要是指专性寄生昆虫的线虫，它通过昆虫的自然孔口或表皮进入寄主血腔，并释放其携带的共生细菌产生毒素物质致死寄主昆虫，目前在食用菌虫害防控中尚无应用。利用病原微生物防治害虫，苏云金芽孢杆菌（*Bacillus thuringiensis*）是目前国内外生物农药中的主打杀虫剂，对多种鳞翅目害虫有较好的控制作用。苏支金杆菌以色列变种（*Bacillus thuringiensis* var. *israelensis*）被双翅目幼虫摄食后，可导致幼虫出现血毒症而死亡，可用来防治危害食用菌的菇蚊、菇蝇等害虫。

（4）苦楝防治食用菌害虫。采用苦楝防治食用菌害虫，可以有效控制眼蕈蚊和蝇类害虫危害。苦楝树皮、叶和果均有杀虫效果，将其熬成黄色液体后滤去残渣，按原液：水为1:2.5（体积比）喷洒菇房空间、地面、菌袋和菇架，当害虫种群数量发生较高时，可喷原液，防治效果可达85%。有文献报道，在菌袋两端填充苦楝鲜叶可防治菌蝇。

69. 怎样利用频振式杀虫灯控制有机食用菌虫害？

频振式杀虫灯主要是利用害虫的趋光、趋波等特性，将光的波段、波的频率设在特定的范围之内，近距离用光、远距离用波诱集害虫，灯外设频振式高压电网触杀害虫。这是一项在农田作物病虫防治中比较成熟的物理防治措施。

将频振式杀虫灯吊挂在菇架上，接虫口袋距地1.5 m，每天傍晚开灯，次日凌晨关灯，清理接虫袋危害。频振式杀虫灯诱集的食用菌害虫种类较广，特别是对夜蛾科、菇蚊、菇蝇以及昼伏夜出的害虫皆有很好的诱集效果。注意开频振式杀虫灯时，一定将菇棚封闭，避免把菇棚外的大量害虫引进来。

70. 如何利用糖醋液诱杀虫害？

食用菌粪蚊和菇蝇的防治不能滥用农药，因此利用无害化技术诱杀害虫的方法越来越受到重视。利用害虫喜糖、喜醋的习性进行诱杀，操作方便，效果好。糖醋液对人、畜无毒无害，对环境也没有污染作用。不足之处是只能诱杀对糖醋液有趋性的害虫，对无趋性的害虫无诱杀作用。糖醋液按糖∶醋∶酒∶水＝5∶6∶3∶10（体积比）配制，在糖醋液中添加蜂蜜能增强诱杀害虫的效果。

71. 怎样使用粘虫色板诱杀害虫？

粘虫色板是利用害虫特殊的光谱反应原理和光色生态规律进行诱杀害虫，可以有效控制害虫发展。粘虫色板作为一种非化学防治措施，能诱杀大量成虫，其诱捕效果明显，且无毒、安全、卫生、使用方便；可避免和减少使用杀虫剂，对环境安全，并有利于害虫的天敌生长。作为害虫综合防治的措施之一，粘虫色板对小型昆虫的控制诱集作用越来越受到重视。

黄色粘虫色板对菇蚊菇蝇诱杀效果最佳。将黄色粘虫色板悬挂在菇房中菌墙的上方 30 cm 左右，晚间结合灯光诱杀，菇房的菌袋受害率降低了 15.33%，挽回产量损失达 12.2%，防治效果显著。

第七章　有机食用菌采收及采后保鲜加工

72. 有机食用菌的采收要求有哪些？

采收是有机食用菌生产的最后一个环节，采收是否得当对有机食用菌的产量、质量和商品价值有很大的影响，从而直接影响了有机食用菌生产效益。有机食用菌采收应遵循以下几条原则：

第一，采收方法要得当。对于大多数有机食用菌，采收的最好操作方法是：一手按住子实体下的培养基质，一手握住子实体的基部，在左右旋转转动的同时轻轻向外拉拽，从而将整个子实体摘下，不留残根且不带出大块的培养基质。有些菌农由于追求速度，用剪子或刀具进行简单地采割，他们没有意识到"留下了残根就留下了祸根"，残根腐烂引起病虫害发生。还有些菌农采收子实体时，直接生拉硬拽，把子实体采下的同时，从栽培基质上带出了成块的培养基质，严重伤害了子实体下的菌丝体，从而影响了新子实体的再生。

第二，采收时期要适宜。目前，大多数菇类在七八成熟时采收，其外观优美，口感好，产量也高。许多菌农采收食用菌时机把握不当，往往要等到子实体长到非常大的时候才采摘，生怕采早影响产量，其结果是造成子实体过熟，孢子大量弹射，甚至子实体腐烂自溶，产量、质量显著下降。

第三，采收天气要选择。晴天采收有利于加工；阴雨天空气湿度大，菇体含水量过高，难以保鲜和干燥，影响品质。然而，若菇耳已成熟，雨天也要及时采收，抓紧出售或加工。

第四，采收工具要合适。采下的鲜菇，宜用竹筐等能透气的有机专用工具装盛，并要轻取轻放，保持子实体完整，防止互相挤压损坏，影响外观与品质；不宜采用塑料袋、麻袋、木桶等盛器，否则会加快后熟，缩短货架期，甚至造成霉烂。

第五，采后管理要精细。一是加强采收前后的水分管理，采前停止喷水一段时间，采后需要停水一段时间，让菌丝休养生息后方可浇水。有些菌农常常在采收前在子实体上喷水来增加其含水量，增加产量或提高鲜度，采后急于浇水催生新菇，其实这样做是非常不科学的，很容易造成培养基质的大面积感染。二是加强采收前后温度和通风管理。三是采后要及时清理菇床上的残菇、死菇。四是不要盲目追求产量，适时疏蕾、疏菇。

73. 不同种类的食用菌怎么进行采收？

食用菌种类繁多，不同种类食用菌的采收要求和方法不一样。下面介绍常见 11 种菇的采收方法。

（1）黑木耳与毛木耳采收。黑木耳幼小时颜色呈深褐色，粒状或杯状，随着生长发育，耳片逐渐舒展为波浪式的叶片状或耳状，多皱褶。当耳片腹面产生白色粉末状的担孢子时，说明已成熟，应及时采收。采收时，选择晴天的早晨，露水未干时采收。如果恰逢阴雨天，要及时采摘，否则因雨水过多会发生子实体以"水肿溃烂"为特征的流耳症状；如果采收时遇上连续晴天，耳片过干，应先喷水，让耳片湿润后再采收，否则容易将耳片弄碎。暑日伏天，不应追求黑木耳个大产量高，而应勤采少留，多关注天气预报，做好防雨和晾晒工作。到了伏末和秋天，气温下降，常常出现连续晴日干旱，为达到出耳的要求应保证浇水的连续性，随意停水容易给黑木耳子实体造成"秋来结果"的假信号，黑木耳孢子大量弹射，造成木耳子实体虚空，营养价值下降。因此，入秋后应根据耳片的大小并结合雨水、浇水的情况，把握好时机，及时采收。

毛木耳个体较大，当耳片完全展开，边缘开始内卷时及时采收。若采收过晚，耳片上就会有孢子大量弹射，形成一层白色粉状物，影响产品质量。

采收时，一手托拿住菌袋，一手采摘耳片，放入筐中。单片木耳采收时，用拇指和食指扭动向上一拉即可；朵大木耳采收时，手指沿耳片边缘插入耳根，连同耳基一起拔出。

（2）香菇采收。香菇生长到什么程度采摘最合适，主要取决于市场要求。如果以鲜菇上市，可在开伞程度 7 分 ~ 8 分，菌盖边缘仍稍内卷时采收。如果准备干制加工，生产优质干香菇，采摘标准依香菇生产季节而定，气温较高时应适当提早采收。

花菇（冬菇）：开伞 5 分 ~ 6 分，在菌膜部分破裂时采收。

厚菇（香菇）：开伞 6 分 ~ 7 分，在菌膜破裂时采收。

薄菇（香菇）：开伞 7 分 ~ 8 分，在菌盖边缘仍稍内卷时采收。

鲜香菇干制加工过程中，开伞程度增加 1 分左右。因此，适当提早采收可获得较好的加工效果。香菇大量发生时，尤其应该适当提早采收。

秋末冬初气温高时，香菇容易开伞，为提高质量，每天早晚要各采收 1 次。采收时，不能将菇柄基部留在菌棒上，采下的鲜菇要用中小型竹筐盛放，不能挤压，以保持菇体完整。采收时还应注意手只能接触菇柄，不能碰伤菌盖。

（3）平菇采收。平菇子实体菌盖边缘平展，或稍内卷，颜色由深逐渐变浅，孢子尚未大量弹射时，即可采收。成熟过度的子实体菌盖边缘向上翘或破裂，孢子大量弹射，菌盖表面出现白色绒毛，平菇质量下降。

采收时，一手按住出菇的培养料，一手捏住菇柄轻轻扭动，即可采下。大朵丛生的平菇，要一次性采下，同时不能将菇柄留在菌棒上。采下的菇整齐摆放在筐里，不能挤压。

（4）杏鲍菇采收。目前杏鲍菇生产主要采用袋栽模式或瓶装模式，两种生产模式采收标准不一样。袋栽杏鲍菇生产模式下，采收时要求菌盖尚未开伞，大小与菌柄粗细相近，长度 12 cm ~ 15 cm。瓶栽杏鲍菇生产模式下，当菌柄长度 10 cm ~ 11 cm，菌盖下看到清晰菌褶时即可采收。杏鲍菇采收前 2 d ~ 3 d 降低温度至 12 ℃ ~ 14 ℃，相对湿度 80% ~ 85%，可提高产品质量。采收时，最好戴上一次性手套，以免在菇体上留下指纹，并用锋利小刀削去基部培养基，整齐摆放在筐内。此外，随着消费者对产品要求的不同，市场对产品规格要求也随之发生变化，以前个大、长棒形、不开伞的杏鲍菇产品为 A 级产品，但近年来市场要求发生了变化，个较小、不开伞、大小一致的杏鲍菇产品为 A 级优质产品。

（5）白灵菇采收。白灵菇菌盖基本平展，边缘仍内卷，菌褶仍然紧致未散开时及时采收，此时菇体洁白，饱满。过早采收，影响产量；若采收过晚，子实体过熟，菇体会变得疏松甚至萎蔫，商品质量大幅下降。白灵菇采收前一天应停止喷水，采收时最好戴上一次性手套，一只手托着菇体，另一只手捏住菇柄轻轻扭动，即可采下，尽可能减少操作损伤，防止在菇体上留有污渍。采收后的白灵菇，往往由于菇体较大或菇形不规整，需要进行修整，分级包装。

（6）金针菇采收。金针菇分为白色金针菇和黄色金针菇。在大棚或普通菇房栽培的金针菇，当子实体生长高度达到 12 cm 以上，菇盖球形、边缘内卷未开伞时，即可整丛采下，去掉基部培养料，整齐放入包装箱。工厂化栽培的金针菇，一般为白色品种，当子实体生长至 13 cm ~ 14 cm，菇盖球形、边缘内卷未开伞时，即可整丛采下，切去基部粘连部分后进行包装。

（7）茶树菇采收。当子实体菇盖呈半球形，菌膜尚未破裂时应及时采收，一旦菌膜破裂，菇盖平展，采下的菇就失去商品价值。采收时，整丛采下，随后清除菇根。采收后的子实体剪掉基部及附着的杂质，整齐码放在包装箱内，即可销售，也可烘干包装销售。江西省地方标准 DB36/T 819—2019《茶树菇》中规定：茶树菇一级菇要求菌盖平滑齐整呈半球形，菌膜完好，菌柄稍弯曲，长度 100 mm ~ 140 mm。特级菇要求长度 100 mm ~ 120 mm，菇体长度、体形较一致。

（8）灰树花采收。灰树花幼嫩子实体菌盖边缘有一轮白边，即菌盖边缘白边部分为生长点，当生长点变暗，界限不明时即可采收，成熟一朵采收一朵。对于菇盖颜色浅白的子实体，主要观察菌盖腹部的菌孔。细嫩时菌盖腹面白色光滑，成熟时形成子实层，出现菌孔。当菌孔深度不到 1 mm，尚未弹射孢子，菇体边缘七八分成熟时就要采收。适时采收的灰树花香味浓郁，商品价值高；推迟采收的子实体，菌柄木质化，口感变差，商品价值降低。

（9）鸡腿菇采收。当鸡腿菇子实体长至 7 cm 以上，菌盖尚未松软，仍包裹紧实时及时采下。若采收过时，子实体开伞，就完全失去商品价值，甚至菌褶变成黑色，呈墨汁状，子实体完全崩解自溶。由于采收后的鸡腿菇仍未停止生长，采收后如不及时处理，可能开伞失去商品性状。气温较高时，每天采收 2 次，采大留小。采收后的鸡腿菇削去基部的泥土，放入箱中进行冷藏和包装，或直接放入锅中杀青，进行盐渍处理。

（10）草菇采收。草菇最佳采收期是卵状阶段的中后期，此时，子实体菌盖刚刚形成但菌膜尚未破裂，包裹在其中的菌柄尚未伸长，手感质地紧实而富有弹性。采收时，用手将卵状子实体轻轻拧下即可，若培养料较松软，要一只手按住培养料，另一只手将菇体拧下，切勿用力拔起。草菇生长迅速，每天在晚上和清晨采收，采大留小。采收一潮菇后，清理料面，防止腐烂。采收的草菇削去基部杂质，及时销售。

（11）双孢蘑菇采收。采摘时，先向下稍压再旋转采下，避免损伤原基。边采菇边用小刀切柄，切口平整，不能带有泥根。采摘原则：潮头菇稳采，菇密勤采，中间菇少留，潮尾菇速采、尽采。

74. 有机食用菌采收后通常进行哪些处理？

为了提高有机食用菌的商品性，食用菌采收后一般要根据子实体大小、颜色、形状、有无病斑和损伤等进行清洗、分级、预冷、包装、保鲜冷藏、干制等简单加工处理，加工过程应符合GB/T 19630—2019《有机产品　生产、加工、标识与管理体系要求》中第5章"加工"的要求，采用物理、生物方法，不允许使用化学物质进行处理以延长保鲜期。

（1）清洗处理：对于所有鲜销或干制食用菌产品，均不必清洗处理，因为清洗处理会影响食用菌产品的货架期。对于双孢蘑菇、鸡腿菇等产品，由于子实体生长在覆土材料中，采收的产品菌柄基部常常带有少量泥土，清洗后的产品主要用于盐渍加工，不适于鲜销。

（2）分级处理：有机食用菌收获后最好进行分级处理，根据子实体大小、颜色、形态、成熟度等进行登记分级，实现优质优价，提高食用菌产业效益。然而，长期以来，菇农采收的食用菌子实体往往不加分选，堆放一起，大小不一、颜色不均。虽然大部分是好的，但是少量的次品就会影响到整体形象，在商品流通中，就会被收购商或顾客抓住成为砍价的把柄，从而直接影响收入，所以，将产品分级销售是非常必要的。

随着食用菌工厂化、规模化生产的发展，企业对于食用菌产品分级处理越来越重视。国家食品及农产品主管部门已制定黑木耳、香菇、银耳、白灵菇、茶树菇、杏鲍菇等分级国家标准或行业标准（表18～表33）。除此之外，企业或地方也制定了部分产品的等级规格要求（表34～表41），规范了市场行为。

表18　鲜香菇等级划分（来源：NY/T 1061—2006）

项目	特级	一级	二级
颜色	菌盖淡褐色至褐色，菌褶乳白略带浅黄色		
形状	扁半球形稍平展或伞形，花菇菌盖表面应有白色或茶色天然龟裂纹		
菌盖厚度/cm	大于或等于盖厚度		<1.2
菌膜连接状态	菌柄与菌盖边缘有完整或部分白色丝膜相连		无相连的丝膜
开伞度/分	<5	<6	<7
畸形菇、开伞菇总量	无	<2.0%	2.0%～3.0%

表19　干花菇等级（来源：NY/T 1061—2006）

项目	特级	一级	二级
菌褶颜色	米黄至淡黄色		淡黄色至暗黄色
形状	扁半球形稍平展或伞形，菇形规整		扁半球形稍平展或伞形
菌盖厚度	>1.0	>0.5	>0.3
菌盖表面花纹	花纹明显，龟裂深	花纹较明显，龟裂较深	花纹较少，龟裂浅
开伞度/分	<6	<7	<8
虫蛀菇、残缺菇、碎菇体	无	<1.0%	1.0%～3.0%

表20　干、鲜香菇规格（来源：NY/T 1061—2006）

类别	小（S）	中（M）	大（L）
干香菇（直径）/cm	＜4.0	4.0～6.0	＞6.0
鲜香菇（直径）/cm	＜5.0	5.0～7.0	＞7.0

表21　干厚菇等级（来源：NY/T 1061—2006）

项目	特级	一级	二级
菌盖颜色	菌盖淡褐色至褐色，或黑褐色		
形状	扁半球形稍平展或伞形，菇形规整		扁半球形稍平展或伞形
菌盖厚度/cm	＞0.8	＞0.5	＞0.3
菌褶颜色	菌褶淡黄色	菌褶黄色	菌褶暗黄色
开伞度/分	＜6	＜7	＜8
虫蛀菇、残缺菇、碎菇体	无	＜2.0%	2.0%～5.0%

表22　干薄菇等级（来源：NY/T 1061—2006）

项目	特级	一级	二级
菌盖颜色	菌盖淡褐色至褐色		
形状	扁半球形稍平展，菇形规整		扁半球形稍平展
菌盖厚度/cm	＞0.4	＞0.3	＞0.2
菌褶颜色	菌褶淡黄色	菌褶黄色	菌褶暗黄色
开伞度/分	＜7	＜8	＜9
虫蛀菇、残缺菇、碎菇体	＜1.5%	1.5%～3.0%	3.0%～5.0%

表23   平菇等级（来源：GB/T 23189—2008）

项目	指标		
	一级	二级	三级
形态	菌盖肥厚，表面无萌生的菌丝，菌柄基部切削平整，干爽，无黏滑感	菌盖肥厚，表面无萌生的菌丝，菌柄基部切削良好，干爽，无黏滑感	菌盖、菌褶不发黑，菌柄基部切削允许有不规整存在
菌盖直径/cm	3.0～5.0	5.0～10.0	≤3.0，≥10.0
色泽	具有平菇应该有的色泽		
气味	具有平菇特有气味，无异味		
虫蛀菇	不允许		≤1.0%
霉烂菇	不允许		
杂质	不允许		≤5.0%

表24   平菇干品等级（来源：GB/T 23189—2008）

项目	指标		
	一级	二级	三级
形态	菇体完整，无碎片	菇体较完整，允许碎片率5%～10%	菇体较完整，碎片率大于10%
色泽	具有平菇应有的色泽		
气味	具有平菇特有气味，无异味		
虫蛀菇	不允许		≤1.0%
霉烂菇	不允许		
杂质	不允许		≤5.0%

表 25　平菇理化要求（来源：GB/T 23189—2008）

项目	指标	
	鲜品	干品
水分/%	≤92.0	≤12.0
灰分（以干重计）/%	≤8.0	≤8.0

表 26　黑木耳等级（来源：NY/T 1838—2010）

项目	等级		
	特级	一级	二级
光泽	耳片腹面黑褐色或褐色，有光亮感，背面暗灰色	耳片腹面黑褐色或褐色，背面暗灰色	黑褐色至浅棕色
耳片形态	完整、均匀	基本完整、均匀	碎片≤5.0%
残缺耳	无	≤1.0%	≤3.0%
拳耳	无	无	≤1.0%
薄耳	无	无	≤0.5%
厚度/mm	≥1.0	≥0.7	—

表 27　黑木耳规格（来源：NY/T 1838—2010）

项目	指标		
	大（L）	中（M）	小（S）
单片黑木耳过圆形筛孔直径	直径≥2.0 cm	1.1 cm≤直径<2.0 cm	0.6 cm≤直径<1.1 cm
朵状黑木耳过圆形筛孔直径	直径≥3.5 cm	2.5 cm≤直径<3.5 cm	1.5 cm≤直径<2.5 cm

表28　毛木耳等级（来源：NY/T 695—2003）

项目	等级		
	一级	二级	三级
耳片光泽	耳片呈黑褐色或紫色，有光泽，耳背为密布较均匀的灰白色或酱黄色绒毛	耳片呈浅褐色或紫红色，耳背布有较均匀灰白色或酱黄色绒毛	耳片呈浅褐色或紫红色，耳背布有白色或浅酱黄色绒毛
朵片大小	朵片完整，不能通过直径4 cm的筛孔。每小包装内朵片大小均匀	朵片基本完整，不能通过直径3 cm的筛孔。朵片大小均匀	朵片基本完整，不能通过直径2 cm的筛孔
一般杂质	≤0.5%	≤0.5%	≤1.0%
拳耳	无	无	≤1.0%
薄耳	无	≤0.5%	≤1.0%
虫蛀耳	无	≤0.5%	≤1.0%
碎耳	≤2.0%	≤4.0%	≤6.0%
有害杂质	无		
流失耳			
霉烂耳			
气味	无气味		

注：本品不得着色，不得添加任何化学物质，一经检出，产品即判不合格。

表29 毛木耳的理化要求（来源：NY/T 695—2003）

项目	指标
粗蛋白质/%	≥5.0
粗纤维/%	≤21.0
灰分/%	≤4.0
含水量/%	≤14
干湿比	≥1:5

表30 新鲜白色双孢蘑菇等级（来源：NY/T 1790—2009）

项目	特级	一级	二级
颜色	白色，无机械损伤或其他原因导致的色斑	白色，有轻微机械损伤或其他原因导致的色斑	白色或乳白色，有轻微机械损伤或其他原因导致的色斑
形状	圆形或近圆形，形态圆整，表面光滑，菇盖无凹陷；菇柄长度不大于10 mm；变色菇，无开伞菇和畸形菇。无机械损伤或其他伤害	圆形或近圆形，形态圆整，表面光滑，菇盖无凹陷；菇柄长度不大于15mm；变色菇，开伞菇和畸形菇的总量小于5%。轻度机械损伤或其他伤害	圆形或近圆形，形态圆整，表面光滑，菇盖无凹陷；菇柄长度不大于15 mm；变色菇，开伞菇和畸形菇的总量小于10%。菇体有损伤，但是仍具有商用价值

表31 新鲜白色双孢蘑菇规格（来源：NY/T 1790—2009）

规格	小（S）	中（M）	大（L）
菌盖直径/cm	<2.5	2.5~4.5	>4.5
同一包装中最大直径和最小直径的差异/cm	≤0.7	≤0.8	≤0.8

表32　白灵菇鲜品等级划分（来源：NY/T 1836—2010）

项目	A 级	B 级	等外级
菌盖形状	掌状形或扇形、近圆形，未经形状修整，菇形端正，一致，有内卷边	菇形端正，形状较一致	形态不规则
颜色	菌盖白色，光洁，无异色斑点	菌盖洁白，允许有轻微异色斑点，菌褶奶黄	菌盖基本洁白，菌盖带有轻微异色斑点，菌褶奶黄
菌盖厚度/mm	≥35	≥25	不限定
菌褶	密实、直立	部分软塌	
单菇质量/g	150～250	125～225	
柄长/mm	≤15	≤25	
硬度	子实体组织致密，手感硬实、有弹性	子实体组织较致密，手感较硬实	组织较松软
褐变菇/%	0	＜2	＜5
残缺菇/%	无	＜2	＜5
畸形菇/%	无	＜5	不限定

表33　鲜白灵菇规格（来源：NY/T 1836—2010）

类别	小（S）	中（M）	大（L）
菌盖大小（最大直径×最小直径）/mm	（90～105）×（80～90）	（105～135）×（90～115）	（135～180）×（115～140）
同一包装内鲜品菌盖最大直径差值/mm	≤10	≤25	25

表34　鲜鸡腿菇感官指标

项目	要求		
	特级	一级	二级
色泽	菌盖白色或米白色，菌肉白色，菌柄白色或灰白色		
形状	形似鸡腿或棒槌		
气味	具有鸡腿菇特有的清香味，无异味		
附着物 （质量分数）/%	0	≤0.3	≤0.5
碎菇体 （质量分数）/%	≤1.0	≤2.0	≤3.0
残缺物 （质量分数）/%	≤1.0	≤2.0	≤3.0
异物	霉烂菇、虫体、毛发、塑料碎片、金属片、砂石等不允许混入		

注1：附着物指附着在鸡腿菇产品中的培养料残渣等。
注2：碎菇体指3 mm以下的鸡腿菇碎片。

表35　干鸡腿菇感官指标

项目	要求		
	特级	一级	二级
色泽	菌盖灰白色，菌肉白色，菌柄近白色		
形状	片状鸡腿菇		
气味	具有鸡腿菇特有的清香味，无异味		
附着物 （质量分数）/%	0	≤0.3	≤0.5

表 35（续）

项目	要求		
	特级	一级	二级
碎菇体 （质量分数）/%	≤1.0	≤2.0	≤3.0
残缺物 （质量分数）/%	≤1.0	≤2.0	≤3.0
异物	霉烂菇、虫体、毛发、塑料碎片、金属片、砂石等不允许混入		

表 36　鲜茶树菇感官指标

项目		指标		
		特级	一级	二级
色泽	茶树菇	菌盖浅土黄色至暗红褐色，菌柄灰白至浅棕色，色泽一致	菌盖浅土黄色至暗红褐色，菌柄灰白至浅棕色，色泽基本一致	菌盖浅土黄色至暗红褐色，菌柄灰白至浅棕色，色泽较一致
	白茶树菇	菌盖乳白色，菌柄近白色，色泽一致	菌盖乳白色，菌柄近白色，色泽基本一致	菌盖乳白色，菌柄近白色，色泽较一致
气味		具有茶树菇特有的香味，无异味		
菌盖直径/mm		≤40	≤50	≤60
长度/mm		≤120	≤150	≤180
形状		菌盖平滑齐整呈铆钉状，菌膜完好，菌柄直，整丛菇体长度体形较一致	菌盖平滑齐整呈铆钉状，菌膜较完好，菌柄弯曲，菇体长度体形较一致	菌盖固整，菌膜稍有破裂，菌柄较弯曲，整丛菇体长度体形不太一致

表 36（续）

项目	指标		
	特级	一级	二级
碎菇/%	≤1	≤1	≤1
附着物/%	≤0.3	≤0.3	≤0.3
虫蛀菇/%	≤1	≤1.5	≤2
霉变菇	不允许	不允许	不允许
异物	不允许有金属、玻璃、毛发、塑料等异物		

表 37 干茶树菇感官指标

项目		指标		
		特级	一级	二级
色泽	茶树菇	菌盖浅土黄色至暗红褐色，菌柄灰白至浅棕色，色泽一致	菌盖浅土黄色至暗红褐色，菌柄灰白至浅棕色，色泽基本一致	菌盖浅土黄色至暗红褐色，菌柄灰白至浅棕色，色泽较一致
	白茶树菇	菌盖乳白色，菌柄近白色，色泽一致	菌盖乳白色，菌柄黄白色，色泽基本一致	菌盖乳白色，菌柄近白色，色泽较一致
气味		具有茶树菇特有的香味，无异味		
菌盖直径/mm		≤35	≤45	≤55
长度/mm		≤110	≤140	≤170
形状		菌盖平滑齐整呈铆钉状，菌膜完好，菌柄直，整丛菇体长度体形较一致	菌盖平滑齐整呈铆钉状，菌膜较完好，菌柄弯曲，菇体长度体形较一致	菌盖固整，菌膜稍有破裂，菌柄较弯曲，整丛菇体长度体形不太一致

表 37（续）

项目	指标		
	特级	一级	二级
碎菇/%	≤5	≤8	≤10
附着物/%	≤0.5	≤1.0	≤1.5
虫蛀菇/%	≤1	≤1.5	≤2
霉变菇	不允许	不允许	不允许
异物	不允许有金属、玻璃、毛发、塑料等异物		

表 38 鲜灰树花的感官和理化指标

项目	一级	二级	三级
菌管长度/mm	≤0.5	≤1.0	≤1.5
色泽	菌盖深灰色至灰黑色，菌管白色	菌盖灰白色，菌管白色	菌盖白色，菌管白色
形状	菇形完整，均匀一致，菌管规则，管口未散开	菇形完整，较均匀，菌管规则，管口未散开	菇形完整，不均匀，菌管较规则，允许有少量管口散开菇
残缺菇率/%	≤3	≤5	
气味	具有灰树花特有的香味，无异味		
不允许混入物	虫蛀菇，霉变菇，畸形菇，褐变菇		
杂质	无		
水分（鲜样计）/%	≤92		
灰分（干样计）/%	≤8		
膳食纤维（干样计）/%	≤36		
注：灰树花白色变种（白灰树花）的色泽指标不执行本规定。			

表39　干灰树花的感官和理化指标

项目	一级	二级	三级
菌管长度/mm	≤0.5	≤0.75	≤1.0
色泽	菌盖深灰色至灰黑色，菌管，菌肉白色	菌盖灰白色，菌管，菌肉白色	菌盖乳白色，菌管，菌肉淡黄色
形状	菇形完整，均匀一致，菌管规则，管口未散开	菇形完整，较均匀，菌管规则，管口未散开	菇形较完整，不均匀，菌管较规则，允许有少量管口散开
残缺菇率/%	≤3	≤5	
气味	具有灰树花特有的香味，无异味		
不允许混入物	虫蛀菇，霉变菇，畸形菇，褐变菇		
杂质	无		
水分（鲜样计）/%	≤13		
灰分（干样计）/%	≤8		
膳食纤维（干样计）/%	≤36		

注：灰树花白色变种（白灰树花）的色泽指标不执行本规定。

表40　鲜草菇的感官要求

项目	级别		
	特级	一级	二级
形状	菇形完整，饱满，荔枝形或卵圆形		菇形完整，长圆形

表40（续）

项目	级别		
	特级	一级	二级
菌膜	未破裂		
松紧度	实	较实	松
直径/cm	≥2.0，均匀	≥2.0，较均匀	≥2.0，不很均匀
长度/cm	≥3.0，均匀	≥3.0，较均匀	≥3.0，不很均匀
颜色	灰黑色或灰褐色，灰白或黄白色（草菇的白色变种）		
气味	具有草菇特有的香味，无异味		
虫蛀菇/%	0		≤1
一般杂质/%	0		≤0.5
有害杂质	无		
霉烂菇	无		

表41　干草菇的感官要求

项目	级别		
	特级	一级	二级
形状	菇形完整，菇身肥厚		菇形较完整
菌膜	未破裂		
直径/cm	≥2.0，均匀	≥1.5，较均匀	≥1.0，不很均匀
长度/cm	≥3.0，均匀	≥3.0，较均匀	≥3.0，不很均匀
切面颜色	白至淡黄色	深黄色	暗色
气味	具有草菇特有的香味，无异味		
虫蛀菇/%	0		≤1
一般杂质/%	0		≤0.5
有害杂质	无		
霉烂菇	无		

75. 有机食用菌包装储运前为什么要做预冷处理?

影响有机食用菌保鲜的因素主要有: ①水分对子实体耐储藏性的影响。食用菌鲜品含水量一般均在 85% ~ 90% , 子实体中的水分为三类: 结构水 (组织内部的)、游离水 (细胞之间的) 和体表水 (环境的加湿或者是雨水)。蘑菇中水分大, 为子实体自身生理活动和微生物活动提供条件。②呼吸作用对子实体耐储藏性的影响。采收后的食用菌鲜品仍然有较强的呼吸作用, 呼吸作用过程产生的热量, 导致菇体失去水分、菌盖开伞、纤维素木质化等问题, 加速产品腐烂。③子实体储藏期间的自然氧化作用, 造成菇色褐变, 降低品质。④环境微生物对子实体的侵害, 加速产品腐烂。⑤采后人为对子实体的机械伤害, 促进微生物的侵入。

预冷可以迅速排除农产品采收后的田间热, 降低呼吸作用, 延缓其成熟衰老的速度, 有利于保持其营养成分和新鲜度; 预冷还可以提高农产品对低温的耐性, 增强产品抗低温冲击的能力, 在冷藏中降低对低温的敏感性, 减轻或推迟冷害的发生。另外, 预冷还可以减轻冷藏库和运输设备的制冷负荷。预冷在现代农产品流通体系中, 对农产品品质的保证起着重要作用, 已被公认为农产品商品流通过程中保证质量的首要措施, 成为冷链中不可缺少的一环。

因此, 通过预冷措施可以抑制食用菌产品的呼吸作用和氧化作用, 大幅度减少环境微生物数量并降低微生物活动, 从而有利于有机食用菌产品保鲜。

76. 怎样进行预冷处理?

(1) 水冷却法处理

①浸泡式: 把冷水放入一定体积的容器中, 然后将食用菌放入其中, 过一段时间取出阴干。这种预冷方法简单易行, 并多适用于表面积小的子实体, 其缺点是冷却速度慢, 易感染病害。

②喷水式：将子实体放入一定量的容器中，采用机动喷布水点或水雾达到降低温度的目的。这种预冷方法干净卫生，可减少病菌污染，缺点是用水量大，且需动力机械和耗电，生产效率也不高。利弊：适用于表面积比较小型的食用菌子实体，但淋湿被预冷物料，易使食用菌污染。

（2）风冷却法处理

①自然对流冷却：将被冷却的子实体放在阴凉的场所，通过空气自然流动降低子实体表面温度。这种方法的优点是简单易推广，缺点是预冷所需时间较长，温度降低速度较慢，不易尽快达到预冷的目的。但在昼夜温差大的地区采用此法效果要好一些。

②强制通风冷却：强制抽取大气中的冷空气，将此类气体尽快地输送到预冷现场，排除子实体表面的呼吸热。此法的优点是预冷速度快，干净卫生，被预冷的物品不易被病菌感染，缺点是冷却温度不均匀。强制通风冷却适用于大多数的食用菌；但冷却速度稍慢。

（3）差压预冷处理

该方法所用的时间比一般冷库预冷要快 4 倍 ~ 10 倍，大部分食用菌适合用差压预冷，在松茸、块菌和杏鲍菇上使用效果显著，0.5 ℃的冷空气在 75 min 内可以将产品内温度从 14 ℃降到 4 ℃（中心温度）。其利用空气的压力梯度形成压差，强制吹入冷气，形成冷气循环，强制冷空气就可以从产品周转箱的缝隙中通过，使食用菌子实体实现快速降温。

（4）真空预冷处理

真空预冷技术作为当前最有效的保鲜技术受到了广泛关注，目前主要应用于果蔬的真空预冷，可有效降低果蔬的呼吸强度，抑制果蔬自身养分的消耗，保持新鲜度，大大延长果蔬有效储藏期。优点：①冷却速度快，生产效率高，产品保鲜期长；②冷却后物料内外温度均匀；③设备能耗低，运行费用低；④设备使用安全，操作方便。缺点：被冷却的物料会失水，每下降 10 ℃，失水约 1%；造价较高，一次性设备投资较大。

77. 有机食用菌对包装材料有什么要求？

（1）有机食用菌产品包装提倡使用由竹、木、植物茎叶和纸制成的包装材料，也可使用符合卫生要求的其他包装材料。

（2）用于有机食用菌包装的所有材料均应是食品级的，包装简单、实用，避免过度包装，并应考虑包装材料的生物降解和回收利用。

（3）可使用二氧化碳和氮作为包装填充剂。

（4）不应使用含有合成杀菌剂、防腐剂和熏蒸剂的包装材料。

（5）不应使用接触过禁用物质的包装袋或容器盛装有机食用菌。

（6）包装过程中应采取必要措施，防止有机食用菌与非有机食用菌产品混合包装。

78. 有机食用菌对储藏保鲜有什么要求？

根据 GB/T 19630—2019《有机产品　生产、加工、标识与管理体系要求》中 5.2.5 的规定，有机食用菌的储藏要求如下：

（1）有机食用菌产品在储藏过程中不得受到其他物质的污染。

（2）储藏有机食用菌产品的仓库应干净、无虫害，无有害物质残留。

（3）除常温储藏外，还可使用以下储藏方法：

①储藏室空气调控；

②温度控制；

③干燥；

④湿度调节。

（4）储藏过程中不应该采用辐射处理。

（5）有机食用菌产品及其包装材料、配料等应单独存放，若不得不与常规产品及其包装材料、配料等共同存放，应在仓库内划出特定区域，并采取必要的措施确保有机产品不与其他产品及其包装材料、配料等混放。

79. 有机食用菌储藏保鲜方法有哪些？

有机食用菌保鲜是维持食用菌菇体最低生命活动的保藏方法。采收后的新鲜食用菌菇体仍然进行着生命活动，生命活动越旺盛，菇体内储存物质的分解速度就越快，储存量急剧减少，组织结构也就随之瓦解或解体，故不易久藏。若在低温下（0 ℃ ~ 5 ℃）储藏，就能抑制食用菌菇体的呼吸作用和酶的活力，并延缓储存物质的分解；若保持恒湿条件，就能减少食用菌菇体水分的蒸发。因此，通过控制食用菌菇体储藏环境的温度、相对湿度及气体组成等，就可以使食用菌菇体的新陈代谢活动维持在最低的水平上，能在较长时间内保持它的天然免疫性，抵御微生物的入侵，延缓腐败变质，从而延长其保存期。

食用菌的食用性在于它有新鲜的风味和特殊的口感，保鲜技术则是在食用菌储藏时间以内最大限度地保持这种风味与口感不变所采取的一切技术措施。其主要途径有防止水分散失、控制呼吸强度、遏制褐变发生、预防微生物和害虫侵染等。其中关键是要想方设法控制菇体的代谢活动，使代谢处于比较低的水平而又不丧失生命活动，这样才有利于菇体保持新鲜不衰。但是，保鲜措施不能使菇体完全停止所有代谢，所以保鲜措施只能延长储藏期，而不能无限期地将菇体永远保存下来。

食用菌的保鲜方法很多，主要有鲜储、冷藏、气调储藏、真空减压储藏和薄膜包装储藏等方法。

80. 有机食用菌对运输有什么要求？

有机食用菌的运输应符合 GB/T 19630—2019《有机产品　生产、加工、标识与管理体系要求》中 5.2.6 的规定，技术要求如下：

（1）运输工具在装载有机食用菌前应清洁；

（2）有机食用菌在运输过程中应避免与常规产品混杂或受到污染；

（3）在运输和装卸过程中，外包装上有机产品认证标志及有关说明不得被玷污或损毁；

（4）如果运输鲜品，应采用冷藏车运输，冷柜温度一般控制在 3 ℃ ~5 ℃（草菇除外）。

第八章　野生食用菌采收与管理

81. 常见野生食用菌有哪些种类？

我国国土辽阔，自然条件和生态环境十分复杂多样，菌物资源极为丰富，被公认是世界上生物多样性最丰富的国家之一。一场雨过后，一夜之间，草地上、森林里就会长出五彩缤纷、色彩鲜艳、形态各异的大型真菌，呈现在人们眼前。长期以来，我国各地均有采食野生食用菌的习惯，但因地域不同，采食种类不同，南北差异明显。

以云贵川至西藏一带野生食用菌种类最多，常见种类有松茸（*Tricholosma matsutake*）、尖顶羊肚菌（*Morchella conica*）、木耳（*Auricularia auricular*）、毛木耳（*Auricularia polytricha*）、鸡油菌（*Cantharellus cibarius*）、白齿菌（*Hydnum repandum*）、葡萄状枝瑚菌（*Ramaria botrytis*）、白丛枝瑚菌（*Ramaria flaccida*）、红枝瑚菌（*Ramaria rufescens*）、干巴菌（*Thelephora ganbajun*）、灵芝（*Ganoderma lucidum*）、香菇（*Lentinus edodes*）、糙皮侧耳（*Pleurotus ostreatus*）、美味侧耳（*Pleurotus sapidus*）、鸡㙡菌（*Termitomyces albuminosus*）、梭柄松苞菇（*Catathelasma ventricosum*）、松口蘑（*Tricholoma matsutake*）、美味牛肝菌（*Boletus edulis*）、茶褐牛肝菌（*Boletus brunnuissimus*）、卷边牛肝菌（*Boletus albidus*）、糙（裂）盖疣柄牛肝菌（*Leccinum hortonii*）、粉被牛肝菌（*Boletus pulverulentus*）、红脚牛肝菌（*Boletus queletii*）、小美牛肝菌（*Boletus speciosus*）、黄皮疣

柄牛肝菌（*Leccinum crocipodium*）、皱盖疣柄牛肝菌仁（*Leccinum rugosiceps*）、中国粉孢牛肝菌（*Tylopilus sinicus*）、砖红绒盖牛肝菌（*Xerocomus spadiceus*）、灰褐牛肝菌（*Boletus griseus*）、多汁乳菇（*Lactarius volemus*）、红汁乳菇（*Lactarius hatsudake*）、竹荪（*Dictyophara indusiata*）、金耳（*Tremella aurantialba*）、印度块菌（*Tuber indicum*）、变绿红菇（*Russula virescens*）、黄癞头（*Leccinum extremiorientale*）等。

东北地区常见野生食用菌：棕灰口蘑（*Tricholoma myomyces*）、紫丁香蘑（*Lepista nuda*）、水粉杯伞（*Clitocybe nebularis*）、地鳞伞（*Pholiota terrestris*）、金粒蜡伞（*Hygrophorus chrysodon*）、金盖鳞伞（*Phaeolepiota aurea*）、小海绵羊肚菌（*Morchella spongiola*）、红菇蜡伞（*Hygrophorus russula*）、橙黄蘑菇（*Agaricus perrarus*）、松口蘑（*Tricholoma matsutake*）、杨树口蘑（*Tricholoma populinum*）、美味牛肝菌（*Boletus edulis*）、厚环乳牛肝菌（*Suillus grevillei*）、血红铆钉菇（*Chroogomphus rutilus*）、棱柄马鞍菌（*Helvella crispa*）、柠檬蜡伞（*Hygrophorus lucorum*）、美味扇菇（*Panellus edulis*）、猴头菌（*Hericium erinaceus*）、奶油绚孔菌（*Laetiporus cremeiporus*）、多脂鳞伞（*Pholiota adiposa*）、灰树花（*Grifola frondosa*）、金针菇（*Flammulina velutipes*）、奥氏蜜环菌（*Armillaria ostoyae*）。

草原区常见野生食用菌：棕灰口蘑（*Tricholoma terreum*）、蒙古口蘑（*Tricholoma mongolicum*）、蘑菇（*Agaricus campestris*）、羊肚菌（*Morchella esculenta*）、粗柄羊肚菌（*Morchella crassipes*）、木耳（*Auricubria aurjcula*）、黄伞（*Pholiota adiposa*）、榆耳（肉蘑）（*Gloeostereum incarnatum*）、血红铆钉菇（*Chroogomphis rutilus*）、糙皮侧耳（*Pleurotus ostreatus*）等。

中南地区常见野生菌：美味牛肝菌（*Boletus edulis*）、灵芝（*Ganoderma lucidum*）、紫芝（*Ganoderma sinense*）、茯苓（*Wolfipo-*

ria cocos）、长根小奥德蘑（*Oudemansiella radicata*）、蜜环菌（*Armillariella mellea*）、草菇（*Volvariella volvacea*）、松乳菇（*Lactarius deliciosus*）、辣乳菇（*Lactarius piperatus*）、鸡油菌（*Cantharellus cibarius*）、鸡㙡菌（*Termitomyces albuminosus*）等。

82. 常见野生食用菌如何识别？

（1）牛肝菌。牛肝菌种类多，最常见的牛肝菌是美味牛肝菌（*Boletus edulis*），也是最优良野生食用菌之一，其菌肉厚而细软、味道鲜美。其子实体中等至大型。菌盖直径 4 cm ~ 15 cm，扁半球形或稍平展，不黏，光滑，边缘钝，黄褐色、土褐色或赤褐色。菌肉白色，厚，受伤后不变色。菌管初期白色，后呈淡色，直生或近弯生，或在柄周围凹陷。管口圆形，每毫米 2 个 ~ 3 个。柄长 5 cm ~ 12 cm，粗 2 cm ~ 3 cm，近圆柱形或基部稍膨大，淡褐色或淡黄褐色，内实，全部有网纹或网纹占柄长的 2/3。

夏秋季在林中地上单生或散生。主要分布于我国黑龙江、四川、贵州、云南、西藏、内蒙古、福建等地。

此外，我国各地还有其他几种常食用的牛肝菌（图 18 ~ 图 21）。

图 18　美味牛肝菌（苏开美 摄）

图 19　茶褐牛肝菌

图 20　黄癞头

图 21　双色牛肝菌（左图 苏开美 摄）

（2）松茸。松茸又称松口蘑。菌盖直径 5 cm ~ 20 cm，扁半球形至近平展，污白色，具黄褐色至栗褐色平状纤毛状的鳞片，表面干燥，菌肉白色，肥厚。菌褶白色或稍带乳黄色，较密，弯生，不等长。菌柄较粗壮，长 6 cm ~ 14 cm，粗 2 cm ~ 2.6 cm；菌环以下具栗褐色纤毛状鳞片，基部稍膨大。菌环生于菌柄上部，丝膜状，上面白色，下面与菌柄同色（图 22）。秋季生于松林或针阔混交林地上，群生或散生，有时形成蘑菇圈。松茸主要分布在我国东北吉林，以及西南地区的云南、四川、西藏。

图 22　松茸（左图 苏开美 摄）

（3）鸡枞菌。鸡枞菌（*Termitornyces* spp.）又称伞把菇（四川）、鸡肉丝菇（台湾、福建）、豆鸡菇、白蚁菰（福建、广东）。种类较多，子实体中等至大型。菌盖宽 3 cm ~ 23.5 cm，幼时圆锥形至钟形并逐渐伸展，顶部显著凸起呈斗笠形，灰褐色或褐色至浅土黄色，长老后辐射状开裂，有时边缘翻起。菌肉白色，较厚。菌褶白色至乳白色，长老后带黄色，弯生或近离生，稠密，窄，不等长，边缘波状。菌柄较粗壮，长 3 cm ~ 15 cm，粗 0.7 cm ~ 2.4 cm，白色或同菌盖色，内实，基部膨大具有褐色至黑褐色的细长假根，长可达 40 cm。夏秋季在山地、草坡、田野或林沿地上单生或群生，其假根与地下黑翅土白蚁（*Odontotermes formosanus*）窝相连（图 23）。鸡枞菌分布于我国江苏、福建、台湾、广东、广西、海南、四川、贵州、云南、西藏、浙江等地。

鸡枞菌肉质细嫩，香味浓郁，味道鲜美，属著名的野生食用蘑菇之一，畅销于国内外市场。我国人民采食该菌的历史悠久。根据该菌的颜色和形态等特点，分为黑皮、白皮、黄皮、花皮等许多类型，但是否同属一个种还需要进一步研究。味道以黑皮（青皮）者最好。据李时珍《本草纲目》记载，该菌具有"益胃、清神、治痔"等药用功效。

图 23 鸡㙡菌

（4）黑虎掌。中文名：翘鳞肉齿菌，拉丁学名 *Saarcodon im-bricatum*。又称獐子菌、仲帽、獐头菌。子实体中等至大型。菌盖初期突起，后扁平，中部脐状或下凹，有时呈浅漏斗状，浅粉灰色，表面有暗灰色到黑褐色大鳞片，鳞片厚，覆瓦状，趋向中央特别大并翘起，呈同心环状排列，菌盖直径 6 cm～10 cm。菌肉近白色，菌柄中生或稍偏生，粗 0.7 cm～3 cm，有时短粗或较细长，上下等粗或基部膨大，可达4 cm，中实、平滑、淡白色，后期变淡褐色。刺锥形，延生，长可达 1 cm～1.5 cm，初期灰白色，后变浓褐色（图24）。生于高山针叶林中地上，尤以云杉、冷杉林中生长多。黑虎掌分布于我国甘肃、新疆、四川、云南、青海、西藏等地，西藏、新疆等高地高寒凉爽的云杉林中较多。

黑虎掌新鲜时味道很好，是著名的出口食用菌之一。菌肉厚，水分少，不生虫，便于收集加工，但老后或雨多浸湿带苦味，属外生菌根菌。子实体有降低血中胆固醇的作用，并含有较丰富的多糖类物质。

图24　黑虎掌

（5）猴头菌。猴头菌（*Hericium erinaceus*）又称猴头蘑、刺猬菌。子实体中等大、较大或大型，直径5 cm～10 cm，或可达30 cm，呈扁半球形或头状，有无数肉质软刺生长在狭窄或较短的柄部，刺细长下垂，新鲜时白色，后期浅黄至浅褐色，子实层生刺之周围（图25）。秋季生长多。多生于栎等阔叶树立木或腐木上，少生于倒木。在海拔3000 m左右的高原，该菌色调加深。分布于我国河北、山西、内蒙古、黑龙江、吉林、辽宁、河南、广西、甘肃、四川、云南、湖南、西藏等地。

猴头菌是比较重要的野生或栽培食用菌，是我国宴席上的名菜，现已广泛人工栽培。可利用菌丝体进行深层发酵培养。据分析，每百克（干重）猴头菌子实体含蛋白质26.3 g，脂肪4.2 g，碳水化合物44.9 g，细纤维6.4 g，水分10.2 g，磷850 mg，铁18 mg，钙2 mg，硫胺素（维生素B_1）0.89 mg，核黄素1.89 mg，胡萝卜素0.01 mg，热量1353 kJ。另有氨基酸16种，其中有7种人体必需的氨基酸。猴头菌子实体还含有多糖和肽类物质，可增强抗体免疫功能。其发酵液对小白鼠肉瘤180有抑制作用。

我国利用菌丝体研制成"猴头片"等中药，对治疗胃部及十二指肠溃疡、慢性萎缩性胃炎、胃癌及食管癌有一定疗效。猴头菌对消化不良、神经虚弱、身体虚弱等均有医疗保健作用，被视为宜药膳食的食用菌。

图 25　野生猴头菌（照片来自 http://image.so.com/）

（6）蒙古口蘑。蒙古口蘑（*Tricholoma mongolicum*）又称白蘑、白蘑菇。子实体白色。菌盖宽 5 cm ~ 17 cm，半球形至平层。白色，光滑，初期边缘内卷。菌肉白色，厚。菌褶白色，稠密，弯生，不等长。菌柄粗壮，白色，长 3.5 cm ~ 7 cm，粗 1.5 cm ~ 4.6 cm，内实，基部稍大（图 26）。夏秋季在草原上群生并形成蘑菇圈。分布于我国河北张家口地区、内蒙古、黑龙江、吉林、辽宁等地。夏秋季群生于北方草原上，大量成群生长并形成蘑菇圈。

蒙古口蘑的菌肉肥厚，质地细致，郁香醇正，味道独特鲜美，是我国北方草原盛产的"口蘑"之最上品，畅销于国内外市场。根据子实体大小、产地不同等特点，分有许多商品名称，如幼小未开伞的称"珍珠蘑"，开伞后的称"片蘑"等。

蒙古口蘑目前还未驯化栽培成功，可能与某些草本植物有共生关系，也可能与土壤微生物区系及其形成的营养化学成分有关。现阶段该资源越来越少，生态环境受到不同程度的破坏，因此，保护资源地生态环境和研究人工驯化技术是重要的任务。

图 26　蒙古口蘑

（7）紫丁香蘑。紫丁香蘑（*Lepista mucla*）又称裸口蘑、紫晶蘑。子实体一般中等大小。菌盖直径 3.5 cm ~ 10 cm，半球形至平展，有时中部下凹，亮紫色或丁香紫色变至褐紫色，光滑，湿润，边缘内卷，无条纹。菌肉淡紫色，较厚。菌褶紫色，密，直生至稍延生，不等长，往生边缘呈小锯齿状。菌柄长 4 cm ~ 9 cm，粗 0.5 cm ~ 2 cm，圆柱形，同菌盖色，初期上部有絮状粉末，下部光滑或具纵条纹，内实，基部稍膨大（图 27）。秋季在林中地上群生，有时近丛生或单生。分布于我国黑龙江、福建、青海、新疆、西藏、青海等地。夏秋季单生、丛生或群生于林中、林缘地上，有时发生于果园或农地。

紫丁香蘑可食用，菌肉厚，具香气，味鲜美，是优良食用菌。可栽培，国外试验在腐殖质上栽培效果好。紫丁香蘑的抗癌效果表明，对小白鼠肉瘤 180 的抑制为 90%，对艾氏癌的抑制率为 100%。紫丁香蘑含有维生素 B_1，能调节机体糖代谢，促进神经传导，经常食用有预防脚气病的作用。另外，有紫丁香蘑与松、榛、山杨形成外生菌根的记载。

图 27　紫丁香蘑（图片来自百度网）

（8）血红铆钉菇。血红铆钉菇（*Chroogomphis rutillus*），我国东北地区俗称红蘑、松伞蘑、松蘑、松树钉，河北称松蘑。子实体菌盖宽 3 cm ~ 8 cm，初期钟形或近圆锥形，后平展，中部凸起，浅咖啡色，光滑，湿时黏，干时有光泽。菌肉带红色，干后淡紫红色，近菌柄基部带黄色。菌褶延生，稀，青黄色变至紫褐色，不等长。菌柄长 6 cm ~ 10 cm，粗 1.5 cm ~ 2.5 cm，圆柱形且向下渐细，稍黏，与菌盖色相近且基部带黄色，实心，上部往往有易消失的菌环（图 28）。夏秋季在松林地上单生或群生，并且形成菌根。血红铆钉菇分布于我国河北、山西、吉林、黑龙江、辽宁、云南、西藏、广东、湖南、四川等地。

血红铆钉菇肉厚，食用味道较好。该菌是针叶树木重要的外生菌根菌，在北方与赤松形成菌根，大量生长，是我国华北、东北地区重要的野生食用菌之一。

图28　血红铆钉菇

（9）松乳菇。松乳菇（*Lactarius deliciosus*）子实体中等至大型，菌盖直径4 cm～10 cm，扁半球形，中央黏状，伸展后下凹，边缘最初内卷，后平展，湿时黏，无毛，虾仁色，胡萝卜黄色或深橙色，有或没有颜色较明显的环带，后色变淡，伤后变绿色，特别是菌盖边缘部分变绿显著。菌肉初带白色，后变胡萝卜黄色。乳汁量少，橘红色，最后变绿色，菌褶与菌盖同色，稍密，近柄处分叉，褶间具横脉，直生或稍延生，伤后或老后变绿色。菌柄长2 cm～5 cm，粗0.7 cm～2 cm，近圆柱形并向基部渐细，有时具暗橙色凹窝，色同菌褶或更浅，伤后变绿色，内部松软后变中空，菌柄切面先变橙红色，后变暗红色（图29）。夏秋季在阔叶林中地上单生或群生，形成菌根。

松乳菇分布于我国浙江、香港、台湾、海南、河南、河北、山西、吉林、辽宁、江苏、安徽、江西、甘肃、青海、四川、云南、新疆、西藏等地。

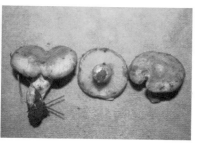

图29　松乳菇（左图 苏开美 摄）

（10）大红菇。大红菇（*Russula alutacea*）是我国华中、华南一带著名野生食用菌。子实体一般大型。菌盖直径 6 cm ~ 16 cm，扁半球形，后平展而中部下凹，湿时黏，深苋菜红色、鲜紫红或暗紫红色，边缘平滑或有不明显条纹。菌肉白色，味道柔和。菌褶等长或几乎等长，少数在基部分叉，褶间有横脉，直生或近延生，乳白色后淡赭黄色，褶前缘常常带红色。菌柄近圆柱形，长 3.5 cm ~ 13 cm，粗 1.5 cm ~ 3.5 cm，白色，常于上部或一侧带粉红色，或全部粉红色而向下渐淡（图30）。夏秋两季雨后，生长于混交林及阔叶林内地上，与某些阔叶树种形成菌根。

大红菇分布于我国河北、陕西、甘肃、江苏、安徽、福建、江西、云南等地。

图30　红菇

（11）青头菌。青头菌（*Russula virescens*）又称变绿红菇、青盖子、青菌（东北地区）、青面梨菇（福建）、青蛙菌、绿豆菌（广西）、青脸菌（四川）、青头菌（昆明）、青汤菌（贵州）等。子实体中等至稍大。菌盖直径 3 cm～12 cm，初球形，很快变扁半球形并渐伸展，中部常稍下凹，不黏，浅绿色至灰绿色，表皮往往斑状龟裂，老时边缘有条纹。菌肉白色。无特殊气味。菌褶白色，较密，等长，近直生或离生，具横脉。菌柄长 2 cm～9.5 cm，粗 0.8 cm～3.5 cm，中实或内部松软（图31）。夏秋季在林中地上单生或群生，是树木的外生菌根菌。与栎、桦、栲、栗形成菌根。

青头菌分布于我国黑龙江、吉林、辽宁、江苏、福建、河南、甘肃、陕西、广西、西藏、四川、云南、贵州等地。

青头菌可食用，味鲜美，但不可多食。据分析，每百克含蛋白质 2.84 g，硫胺素 0.043 mg，磷 7.8 mg，钙 135 mg，铁 4.3 mg，灰分 0.95 g，水分 90 g。可药用。据记载，有主治眼目不明，克泻肝经之火，散热舒气之功效。另外，对小白鼠瘤 180 和艾氏癌的抑制率为 70%～80%。

图31 青头菌（左图 苏开美 摄）

（12）干巴菌。干巴菌（*Thelephora ganbajun*），又名绣球菌，

也称对花菌、马牙菌等，地方名：松毛菌，是云南特有的珍稀野生食用菌。干巴菌生长在滇中及滇西的山林松树间，产于七八月雨季，至今仍未实现人工栽培。干巴菌其貌不扬，黑黑的带有一层白色，但味道却鲜香无比，是野生食用菌中的上品。用干巴菌炒青椒或炒鸡蛋，其味妙不可言（图32）。

图32　干巴菌（左图 苏开美 摄）

（13）块菌。块菌也称松露，具有独特的香味、口感和营养价值。块菌是一类地下真菌，主要食用种为黑孢块菌、夏块菌和白块菌三种。外部形态呈不规则球形、椭圆形，表面有明显的如桑椹状的突疣，疣突多圆钝，由深网状沟缝分隔，子实体直径（2.5 cm～5.5 cm）×（2.1 cm～4 cm）或更大，黑褐色，深咖啡色，鲜时黄褐色。生于华山松、杉、麻栎、马桑等针阔叶混交林的浅表土层或植物根际的土中。我国商业块菌主要是印度块菌（*Tuber indicum*）和假凹陷块菌（*Tuber pseudoexcavatum*），以四川攀枝花为天然分布中心，并向四川凉山和云南楚雄地区辐射分布。攀枝花是我国块菌的天然分布中心区域，块菌年产量在100 t左右，约占全国产量的1/2（图33）。

图33　印度块菌（苏开美 摄）

（14）鸡油菌。鸡油菌又名鸡蛋黄、杏菌、杏黄菌、黄丝菌。鸡油菌子实体肉质，喇叭形，杏黄色至蛋黄色，菌肉蛋黄色，香气浓郁，具有杏仁味，质嫩而细腻，鲜美，菌盖宽 3 cm ~ 9 cm，最初扁平，后下凹，边缘波状，常裂开内卷。菌柄内实，光滑，长 2 cm ~ 6 cm，直径 0.5 cm ~ 1.8 cm（图34）。鸡油菌含有丰富的胡萝卜素、维生素 C、蛋白质、钙、磷、铁等营养成分。性味甘、寒，具有清目、利肺、益肠胃的功效。常食此菌可预防视力下降、眼炎、皮肤干燥等病。鸡油菌是世界著名的四大名菌之一，分布于我国福建、湖北、湖南、广东、四川、贵州、云南、黑龙江及内蒙古东北部等地。

图34　鸡油菌

（15）榛蘑。榛蘑呈伞形、淡土黄色，老后棕褐色。盖顶中部有平伏或直立的小鳞片，老熟后近光滑，盖的边缘有放射状排列的条纹。撕开菌盖可见蘑肉白色。菌柄细长，圆柱形，基部稍粗，柄多弯，高5 cm～13 cm，有纵条纹，内部松软至空心。子实体中等大，肉质，丛生或单生。菌伞初为半球形，以后平展，伞面呈浅土黄色，覆有暗色细鳞；菌髓白色；柄呈圆柱形，基部稍膨大，表面稍白色，有条纹，内部松软，呈浅褐色；菌褶直生，近白色，后期变深色。孢子椭圆形，无色，光滑（图35）。

榛蘑（*Armillaria mellea*）为白蘑科（Tricholomataceae）蜜环菌的子实体，被人们称为"山珍""东北第四宝"。榛蘑滑嫩爽口、味道鲜美、营养丰富，被一些发达国家列为一类食品。榛蘑7月—8月生长在针阔叶树的干基部、根际、倒木及埋在土中的枝条上，一般多生在浅山区的榛柴堆上，故而得名"榛蘑"。榛蘑主要分布于我国吉林、黑龙江、辽宁、河北、山西、甘肃、青海、四川、浙江、云南等地。

图 35　榛蘑

（16）离褶伞。离褶伞属有三个野生种类，包括灰离褶伞
（*Lyophyllum fumosum*）、角孢离褶伞（*Lyophyllum transform*）、荷
叶离褶伞（*Lyophyllum decastes*），均可食用。其中，灰离褶伞子
实体丛生一起，菌盖较小，直径 1 cm～5 cm，半球形、扁半球形
至平展，边缘或稍翻起，初期灰褐或暗灰褐色，渐变灰褐到浅灰
褐色，表面近平滑。菌肉白色或污白色（图 36）。灰离褶伞产量
较高，秋季生林中地上，多生于阔叶林或混交林中地上，主要分
布于我国黑龙江、吉林、河南、青海、云南、西藏等地。

荷叶离褶伞子实体中等至较大。菌盖直径 5 cm～16 cm，扁
半球形至平展，中部下凹，灰白色至灰黄色，光滑，不黏，边缘
平滑且初期内卷，后伸展呈不规则波状瓣裂。菌肉白色，中部厚
（图 37）。荷叶离褶伞在林地山坡、菜园、公园皆可生长，广泛分
布于北温带地区。

图 36　灰离褶伞（苏开美 摄）　　图 37　荷叶离褶伞（李晓 摄）

（17）黄伞。黄伞（*Pholiota adiposa*）子实体色泽鲜艳呈金黄色，菌盖菌柄上布满黄褐色鳞片。食之黏滑爽口，味道鲜美，风味独特。该菇菌盖上有一种特殊的黏液，据生化分析表明，黄伞多糖含量高于一般食用菌，对人体精力、脑力的恢复有良好效果。子实体单生或丛生，菌盖金黄至黄褐色，直径 5 cm～12 cm，初期半球形，边缘常内卷，后渐平展，附有褐色近似平状的鳞片，中央较密。菌肉白色或淡黄色。菌褶直生密集，浅黄色至锈褐色，直生或近弯生，稍密。菌柄纤维质长 5 cm～15 cm，粗 1 cm～3 cm，圆柱形，有白色或褐色反卷的鳞片，稍黏，下部常弯曲。菌环淡黄色，毛状，膜质，生于菌柄上部，易脱落（图 38）。黄伞在我国分布广泛，可人工栽培。

图 38　黄伞（右图：人工栽培的黄伞）

（18）羊肚菌。羊肚菌是一种珍贵的野生资源，在我国分布较广泛，目前近 20 个省、自治区、直辖市有报道。据记载，羊肚菌在我国有 16 个种，常见的有黑脉羊肚菌（*Morchella angusticeps*）、尖顶羊肚菌（*Morchella conica*）、肋脉羊肚菌（*Morchella costata*）、粗腿羊肚菌（*Morchella crassipes*）、小羊肚菌（*Morchella deliciosa*）、高羊肚菌（*Morchella elata*）、羊肚菌（*Morchella esculenta*）等。春末夏初林中地、潮湿地和开阔地及河边沼泽地均有分布（图 39）。

图 39　羊肚菌

（19）木耳。木耳（*Auricularia* spp.）又分为黑木耳、毛木耳、皱木耳、毡盖木耳等，我国已发现 15 个木耳种。其中，黑木耳、毛木耳是我国主要栽培食用菌种类。野生黑木耳与人工栽培黑木耳的形态差异如下：野生黑木耳整体看大小不一，有毛的、无毛的混杂，蒂部带有少量的腐木；耳片较薄，较脆；野生木耳分春耳子和秋耳子，春耳子比较薄，颜色浅；秋耳子是上等好木耳，颜色黑，厚实有咬头。人工栽培的黑木耳大小比较均匀，蒂部有少量的锯末之类的培养基。野生黑木耳与人工栽培黑木耳在外观和泡发效果上没有悬殊的区别。

野生木耳生长于栎、杨、榕、槐等 120 多种阔叶树的腐木上，单生或群生。野生黑木耳主要分布在四川大巴山、四川青川、大小兴安岭林区、秦巴山脉、伏牛山脉、辽宁桓仁等地。

（20）冬虫夏草。冬虫夏草（*Ophiocordyceps sinensis*）属于虫生菌类，是中国传统的名贵中药材，是由冬虫夏草菌寄生于高山草甸土中的蝙蝠蛾幼虫，使幼虫身躯僵化，并在适宜条件下，由僵虫头端抽生出长棒状的子座而形成，即冬虫夏草菌的子实体与僵虫菌核（幼虫尸体）构成的复合体。

冬虫夏草形态特征：草菌之子座出自寄主幼虫的头部，单生，细长呈棒球棍状，长 4 cm ~ 14 cm，不育顶部长 3 cm ~ 8 cm，直径1.5 cm～4 cm；上部为子座头部，稍膨大，呈窄椭圆形，长1.5 cm～4 cm，褐色；虫体表面深棕色，断面白色，有20～30环节，腹面有足8对，形状似蚕（图40）。

　　冬虫夏草主产于我国青海、西藏、四川、云南、甘肃和贵州等地的高寒地带和雪山草原。目前，冬虫夏草尚未实现人工栽培。

图40　冬虫夏草（熊卫萍 摄）

　　（21）灵芝。灵芝科是高等真菌的一个重要种类，是世界广布的类群之一。我国的灵芝科真菌资源十分丰富，现有4属103种。据报道，我国特有种有84种，特有率高达85.7%，多数分布于热带、亚热带，表明我国南部可能是该科的分化中心和现代地理分布中心。常见的种类有灵芝（*Ganoderma lucidum*）、紫芝（*Ganoderma sinense*）、热带灵芝、橡胶灵芝、海南灵芝（*Ganoderma hainanense*）、喜热灵芝（*Ganoderma calidophilum*）、琼海灵芝。在我国东北地区，灵芝科的种类分布明显减少，松杉灵芝（*Ganoderma tsugae*）是东北地区最常见的种类，产量高。

　　目前，灵芝已在全国各地广泛人工栽培，根据中国食用菌协会统计，年产量达10万t以上。据报道，不同产地的野生灵芝活性成分差异较大，而栽培灵芝的活性成分以及含量则由品种和栽培条件决定；野生灵芝与栽培灵芝都有较强的促进巨噬细胞吞噬功能，且作用效果无显著差异；野生灵芝和栽培灵芝均具有较好的抗应激、抗疲劳作用，栽培灵芝在镇静作用上比野生灵芝的稍强。分析认为，通过改进栽培技术可提高栽培灵芝的某些成分和功效，并优于野生灵芝。图41和图42所示为人工栽培的灵芝和紫芝。

图41 灵芝

图42 紫芝

83. 野生食用菌如何规范采收？

我国野生食用菌资源利用现状基本上是自生自灭，原始粗放，资源浪费严重，掠夺式采集，滥采滥挖，缺乏技术支撑。由于多年连续不科学采集，造成地下菌丝明显减少，产生菌体的根状菌索受到严重干扰，自然产量快速下降。这种重收不重产的管理方式，严重限制了野生资源的持续发展。

如何做到规范采收？下面以松茸、灵芝为例进行采收说明。

（1）松茸（松口蘑）采收技术：①采集松茸不能过小，松茸大小、长度应该达到6 cm以上；采集点（穴）采集后留1个~2个成熟子实体，保持稳产。②地域轮歇式（隔年）采集方法：这种方法有利于菌丝、根状菌索恢复生长，有利于菌蕾发育分化和地上子实体的产出，确保持续稳产。③选择性采集方法：采摘时应戴上洁净棉线手套，一手轻持松茸菌柄基部，另一手持前端带有钝尖的竹片或硬质木片剥开表土；然后，一手向下轻轻压土，另一手轻轻将松茸取下。采摘时不应挖大穴破坏菌塘，采收后应将原土回填，尽量保持菌塘的原有状态。盛放松茸的筐子底部应铺垫新鲜的苔藓或青草，松茸应分层摆放。每层中间用青草相隔，上面覆盖青草，防止损伤。④采集工具与方式的改进：采用刀片或小竹锹或小铁铲沿子实体菌柄基部截断采集，以不干扰菌柄基和丝以及根状菌索为佳。

（2）野生灵芝采收技术：当菌盖边缘黄白色宽度为 1 cm 左右至黄白色边刚刚消失时采收，最好不要等大量孢子粉弹射时再采收（据观察，林芝灵芝的孢子粉产量不如赤灵芝），为了让产品干净少杂质，一般采用锋利剪刀或其他刀具从菌柄中部附近切剪，特别是加工用的采收，不能直接用手拧拔，拧拔采收时菌柄基部会带上泥土，严重影响产品和质量。

84. 野生食用菌有病虫害吗？

野生食用菌由于受野外自然环境的影响，病虫害常有发生且无法控制，特别是有的种类虫害较严重。根据报道，干巴菌的侵染性病害——干巴菌粉红单端孢霉病，表现为子实体的瓣片缩小、颜色变暗、含水量降低；非侵染性病害的病状主要表现为子实体发育畸形，呈团状，不能发育成瓣片，畸形团的表面呈黑色或青黑色，无病征，发病率在 10.7% ~ 15%。干巴菌虫害主要有白蚁、蠼螋等。据报道，美味牛肝菌虫害有蚤蝇（*Megaselia longicostalis*）、眼蕈蚊（*Bradysia difformis*）等；青头菌有瘿蚊（*Lycoriella* sp.）等虫害；干巴菌上主要发现等翅目害虫黑翅土白蚁（*Odontotermes formosanus*）、云南土白蚁（*Odontotermes yunnanensis*）和革翅目害虫蠼螋（*Labidura riparia*）；松茸上发现有果蝇科（Drosophilidae）害虫、蚤蝇科（Phoridae）害虫、菌蚊科（Mycetophilidae）害虫、眼蕈蚊科（Sciaridae）害虫、蛞蝓科（Limacidae）害虫、蠼螋（*Labidura riparia*）、沟金针虫（*Pleonomus canaliculatus*）、红蚂蚁（*Tetramorium* sp.）、弹尾目跳虫（*Entombrya* sp.）、花蚤（*Mordellistena* sp.）、跳甲亚科（A1ticinae）害虫、黑光伪步甲（*Ceropria induta*）、隐翅甲（*Oxytelus* sp.）等二十几种。

松茸病虫害是松茸减产的主要原因之一。据报道，在云南保山市海棠村，1997 年因病虫和鸟类危害造成松茸损失占该村当年总松茸数量的 41.36%。1998 年的损失亦达 32%。据调查，西藏林芝松茸主要虫害为果蝇、金针虫等。其中，果蝇为危害松茸的主要昆虫，对松茸的危害程度巨大，松茸的受害率达 15% 以上，在松茸虫害损失中约 60% 均由果蝇造成。调查还发现，西藏林芝地区松茸病虫害情况明显低于云南地区，林芝地区的松茸病虫害比例在 22.50% ~28.83% 之间，低于云南。

85. 野生食用菌病虫害怎么预防？

对于野生食用菌病虫害一般未进行防治。近年来，随着人们对松茸等珍贵野生食用菌的重视，才开始对野生食用菌病虫害进行防治。

在松茸林地里放置数张粘虫板，粘虫板用 40% 的聚丙烯粘胶涂布，对昆虫进行诱杀，及时更换昆虫和灰尘较多的粘虫板，保持黏度；利用捕虫网捕获林地里的部分昆虫；定期清理林地内的垃圾，保持林地环境清洁。对松茸林地进行病虫害防治，能够有效地降低病虫害对松茸造成的损失。但是，病虫害防治难度很大，投入的人力成本较高，对于大面积分散生长的松茸而言，可行性较低。

有机野生食用菌管理过程中不应使用化学药剂。

86. 如何实现野生食用菌资源保护与永续利用？

野生食用菌应遵循资源保护与开发利用并举的原则。我国政府对野生物种的保护管理非常重视，在有关部委及科研单位设立了保护管理和咨询机构，在物种资源的保护和合理利用方面制定了一系列的方针政策和法律法规。但立法保护绝不是禁止利用，没有利用的保护，失去了保护的目的和意义，而合理的利用有利于促繁、增产。目前，我国野生食用菌资源利用情况是，一方面已商品化的品种过度采集，滥采滥挖，导致自然产量的快速下降，生态环境进一步恶化，甚至恶性争夺野生食用菌资源已经成为影响地区团结稳定的重要因素。另一方面，未开发品种大量自然腐烂于山中，而且目前形成商品的品种不过 50 多种，仅为 8%，80% 的资源量和 92% 的种类有待于进一步开发利用。

野生食用菌资源对于增加农民收入、促进农村经济（特别是山区经济）发展具有非常重要的作用。尤其是近年来实施天然林保护工程和退耕还林工程等项目，一些地区的林下资源已成为老百姓脱贫致富的依赖性资源。林下资源是一种可再生资源，合理利用可以使资源越采越多，越采越好，如果无序开发，将会使资源枯竭、物种濒危乃至灭绝，从根本上限制产业的发展。发展林业，保护菌物资源生存环境是木生食用菌、药用菌、菌根菌和地下块菌资源可持续利用的根本保证，与此同时要实行计划采收，以达到保护资源、林菌并举、获得最佳生态效益和经济效益的目的。为了促进野生食用菌资源的永续利用，建议：在保护中开发，确立以野生食用菌资源保护为核心的可持续利用方针，因地制宜建立野生食用菌山林经营管护模式，加强对野生食用菌资源的保护，特别是对于一些破坏严重的物种，应采取紧急措施，防止保护不当造成物种灭绝、基因丧失和自然生态环境恶化的后果，否则，其损失将无法挽回，更谈不上开发。因此，对野生食用菌资源的开发，应以野生食用菌资源得到良好保护为前提，特别是在生态脆弱的情况下，要加强法治建设，进一步对野生食用菌资源实行普遍保护，强化对资源配置的宏观调控，减少资源消耗，确保野生食用菌物资源充分发挥生态效益，确保人类生存与发展的自然环境不断优化，严格防止物种灭绝和基因资源丧失。只有在这一前提下，才能以科学、适当的方式对野生食用菌资源加以开发。

在开发中保护，要求我们在正确认识野生食用菌资源特点的基础上，改变单纯保护、片面保护的观念，在资源许可的范围内，提高科技含量，野外保护与促繁技术相结合，以有限资源最大程度创造出经济效益，服务于国民经济建设；根据野生食用菌资源可再生性的特点，以市场为引导，以政策作保障，大力推动资源培育，开创野生食用菌培植和合理利用产业的新局面。如果放弃对资源的培育和科学合理的开发利用，固守单纯的保护方式，人类对野生食用菌资源的经济需求、社会需求得不到兼顾，不仅是对野生食用菌资源的极大浪费，相关产业也将失去发展的物质基础，保护事业也将无法与社会经济、群众利益有机地结合起来，因而难以调动最广泛的社会力量支持和参与保护，使野生食用菌资源的保护事业失去应有的活力和动力。

87. 何谓仿野生栽培？

仿野生栽培是根据野生食用菌生物学特性和生态学习性，在野外生长基质或共生植物上人工接种孢子液、菌丝体液体菌种培养食用菌，或培养好的菌棒放置在野外环境条件下自然生长的方法。我国早期食用菌栽培方法均可谓仿野生栽培，如元代王祯所撰的《王祯农书》中记载了山区农民栽培香菇的经验："今山中种香蕈，亦如此法。但取向荫地，择其所宜木，枫、槠、栲等伐倒，用斧碎砑成坎，以土覆压之。经年树朽，以蕈碎剉，匀布坎内，以蒿叶及土覆之。时用泔浇，越数时，则以棒击树，谓之惊蕈。雨露之余，天气蒸暖，则蕈生矣。虽逾年而获，利则甚博。采讫，遗种在内，来岁仍复发。相地之宜，易岁仍复发。相地之宜，易岁代种。新采趁生煮食，香美。曝干，则为干香蕈。今深山穷谷之民，以此代耕，殆天苗此品以遗其利也。"唐代关于木耳栽培的记载有"桑、槐、楮、榆、柳，此为五木耳。软者并堪啖。楮耳人常食，槐耳疗痔。煮浆粥安诸木上，以草覆之，即生蕈尔"。1911 年，《英德县续志》具体记述了从南华寺学的草菇栽培技术："光绪初，溪头乡人始仿曲江南华寺制法，秋初于田中筑畦，而四周开沟蓄水，其中用牛粪或豆麸撒入，以稻草踏匀，卷为小束，堆置畦上，五六尺作一字形，上盖稻草，旁亦以稻草围护免受风雨，且易发热，半月后出菇蕾如珠，即需采取，剖开焙干。若过时不采，则开为伞形，俗名'老婆菇'。其价顿贬。每年草菇登场，人辄往各村收买，贩往邵州，鸟石或运往省地售之。"

目前对于难培养的共生菌，如块菌、松口蘑、松乳菇、红菇等，通过人工培养菌种（菌丝体），或将子实体捣碎获得孢子液，对共生植物（苗木）进行接种，获得感染苗木，再将接种苗木移植到大田或森林中；也有的直接在野外共生植物进行接种，并进行适当管理，提高产量。例如，块菌、松口蘑半人工栽培技术已取得成功。

香菇、木耳、灵芝等可人工栽培的食用菌，采用仿野生栽培技术，通常在备料、制种、接种、发菌等环节和常规人工栽培方法相同，只是在出菇环节模仿原来的生态环境条件进行出菇管理，采用畦栽、覆土栽培等方式进行出菇，克服了袋栽后期基质中水分不足的问题，管理得当，可提高产量和品质。出菇后的废料（菌渣）可直接翻进土里，改良土壤，提高土壤肥力，获得较好的经济效益和生态效益。

88. 哪些野生食用菌可以进行仿野生栽培？

仿野生栽培适合喜光，菌种不易老化、退化，抗杂菌能力较强的食用菌品种，如平菇、榆黄蘑、草菇、黑木耳、灵芝、鸡腿菇、灰树花、竹荪、羊肚菌等。同时还适合不能完全进行人工栽培的野生食用菌，如块菌、松口蘑、红菇、松乳菇等。

89. 食用菌仿野生栽培技术要点是怎样的？

（1）选择适宜的栽培基地。要求环境洁净，周边无污染源。通常采用林下仿野生栽培方式，选择人工林，且林间郁闭度较大，林木整齐成行，行间距1.2 m以上，坡度较小的林地，便于人工操作。但郁闭度过大，有的食用菌种类不适宜，如灰树花林下栽培，郁闭度超过90%，缺乏光线，不利于灰树花出菇。

（2）需要洁净水源，且排水方便。

（3）充分了解生产基地气候变化情况，选择适宜的栽培季节。不同食用菌种类生态习性不同，中高温型食用菌，如草菇、灵芝、金福菇、姬松茸、鸡腿菇、灰树花等，适合夏季栽培；中温型的种类如香菇、平菇、黑木耳、榆黄蘑、竹荪等适合春秋季栽培；低温型种类如羊肚菌、杏鲍菇等适合早春或晚秋栽培。由于林下栽培无保护设施，受环境影响较大，因此，应根据当地气候变化，合理安排出菇的季节。

（4）菌棒制作和培养。根据出菇季节和菌棒发菌时间，反推制棒时间。在此之前，还应选择好菌种，并做好生产用菌种的培养。根据生产菌种选择适宜的培养基配方，备好料，菌棒制作方法同第五章。菌棒接种后在适宜的环境条件下进行培养。

（5）栽培场地准备。一般按东西走向挖槽做畦，畦宽60 cm ~ 90 cm，长5 m以上（可根据地面确定适当长度），深20 cm ~ 25 cm。坑畦挖好后，在准备排放菌袋的前一天浇一次大水，水渗干后，在畦底层放入薄层石灰粉。

（6）排放菌袋。将发好菌的菌袋剥去塑料袋，或脱袋，按照每排10个 ~ 20个菌棒，单层顺畦摆满畦面。先用松散细土填满菌棒之间的空隙，然而再在畦面上覆土，厚度 1 cm ~ 2 cm，覆土时要铺平表面，尽量平整，最后大水灌透，覆盖薄膜保温、保湿。

（7）做好出菇期管理。排袋后可在畦面一侧安装微喷管道。选用 4 cm 黑质塑料喷灌管，沿管直线打喷头孔，孔间距 60 cm ~ 80 cm，将喷头伸向畦内。如多数采用坡形的小遮荫棚，北侧高 25 cm 左右，南面与地表相连。幼树林内栽培，畦面上使用遮阳网搭建遮荫棚，同时考虑树体生长，一般选用 50% 遮荫度单层网即可。过度浇水会引发树势不良，因此，浇水宜少不宜多，并且将微喷水位控制在排菌区。同时连续两年排菌占地不超过整个地块的 50%。根据栽培菇种的特性对畦内温、湿度、二氧化碳浓度等环境因子进行控制。

第九章　有机食用菌生产后废物、废水处理及要求

90. 有机食用菌生产后废物有哪些？

食用菌生产过程中产生的废物、废水主要有采收食用菌后的废弃基质（简称"菌渣"）、废弃塑料袋和栽培场地冲刷后的废水。

91. 食用菌菌渣有哪些类型？主要成分是什么？

食用菌菌渣主要分为两大类：一类是木腐食用菌类菌渣，主要成分是木屑、玉米芯、麦麸等；另一类是草腐食用菌类菌渣，主要成分是经过发酵处理后的麦秆或稻草、畜禽粪。

因栽培种类不同，基质中木屑、玉米芯及添加的麦麸、米糠、玉米粉等比例有所不同。栽培双孢蘑菇、草菇、鸡腿菇、大球盖菇等草腐类食用菌的秸秆与粪草比各不相同。因此，不同栽培菇种，菌渣中含氮量、含碳量以及代谢产物等各种成分均不相同。

山东省农业科学院宫志远测定了来自 4 个不同生产基地的双孢蘑菇菌渣，结果显示各种肥力成分均有差异（表 42），其中，有机质含量最低为 30.35%，最高达 51.26%；全氮含量为 1.7% ~ 2.16%，全磷含量为 1.35% ~ 1.8%，全钾含量为 0.72% ~ 1.24%。

表42 双孢蘑菇菌渣肥力分析

%

养分含量	有机质（OM）	全氮（N）	全磷（P₂O₅）	全钾（K₂O）	总养分（N＋P＋K）
菌渣1	51.26	2.16	1.8	0.72	4.68
菌渣2	48.26	1.85	1.76	1.01	4.62
菌渣3	32.42	1.68	1.54	1.24	4.46
菌渣4	30.35	1.7	1.35	1.08	4.13

菌渣中主要成分为粗纤维、无氮浸出物，其次为粗蛋白。由于菌渣中含有大量菌体蛋白，因此菌渣中蛋白质含量常常高于原料中蛋白质含量。对杏鲍菇栽培料接种前和出菇后的菌渣粗蛋白含量进行分析，结果表明接种前基质中粗蛋白含量为5.18%～6.32%，菌渣中含量为8.4%～9.3%；白灵菇栽培料接种前粗蛋白含量为3.75%，菌渣中粗蛋白含量为4%。不同栽培原料的菌渣粗蛋白、粗纤维、粗脂肪及灰分含量差异较大（表43）。

表43 食用菌菌渣营养成分分析

%

项目	粗蛋白	粗纤维	粗脂肪	灰分	无氮浸出物	钙	磷
棉子壳菌渣	13.16	31.56	4.2	10.89	31.11	0.27	0.07
稻草菌渣	12.69	14.9	4.55	19.1	39.03	—	—
麦秆菌渣	10.2	9.32	0.12	—	48	3.2	2.1
谷壳菌渣	8.09	22.95	0.55	15.52	38.5	2.12	0.25
香菇菌渣	8.76	30	0.62	7.93	—	1.08	0.36
稻草菌渣	6.37	15.84	0.95	38.66	23.75	2.19	0.33
木屑菌渣	6.73	19.8	0.2	37.82	13.81	1.81	0.34
玉米芯菌渣	8	14.3	1.4		63.05	1	0.3

92. 菌渣循环利用途径有哪些?

（1）菌渣作肥料或堆肥原料。农业废弃物中木质素、纤维素类有机物经食用菌菌丝的部分分解作用，食用菌废弃物中含有丰富的菌体蛋白、多种代谢产物及未被充分利用的营养物质，有机质含量高，是较好的堆肥原料。经堆肥处理形成的菌渣肥料比用秸秆堆沤的肥料有更多的可给态养分和更好的增产效果，据报道，双孢蘑菇菌渣经堆肥处理后，用作水稻基肥，与当地常规施肥方式相比增产 20.55%，与不施肥处理相比增产 44.18%。在柑橘、苹果、葡萄等果园内结合深翻改土把食用菌废弃物深施后掩埋，可起到改良果园土壤、增加土壤的通透性、改善土壤理化性质、提高水果品质、增产增收的效果。另一方面，把出菇后的废弃物与土壤混合后堆积自然发酵，用来作为花卉基质，使土壤理化性质有所改善，且成本低。菌渣用作蔬菜栽培基质，可使蔬菜幼苗在短期内灌溉清水的情况下正常生长。但采用新鲜的食用菌废弃物直接进行蔬菜育苗，存在发芽率低、生长势弱、苗发黄严重等问题。利用菇渣发酵产物与其他基质混合栽培蔬菜，降低了生产成本，提高了产量和品质。

（2）菌渣作饲料添加剂。在食用菌菌丝体的生长过程中，随着酶解反应的完成，副产品中木质素降解了 30%，粗纤维降解了 50%，粗蛋白由原来的 2%～3% 提高到 10.03%～17.43%，氨基酸含量 0.5%～0.6%，特别是含有多种禽畜体内不能合成的、一般饲料中又缺乏的必需氨基酸和菌类多糖。因此，栽培食用菌的下脚料又是一种很好的菌糠饲料。

（3）菌渣作食用菌栽培原料。选择培养料未被杂菌污染的木耳、金针菇、杏鲍菇、白灵菇等栽培后的菌渣，进行剥袋、打碎、建堆发酵及灭菌等处理，可用于平菇、草菇、鸡腿菇、双孢蘑菇等草腐菌栽培。根据近年栽培试验，以白灵菇菌渣栽培平菇、元蘑、鸡腿菇，以杏鲍菇菌渣栽培草菇、双孢蘑菇，以香菇、金针菇菌渣栽培鸡腿菇、大杯蕈、金福菇等，栽培产量高，生产效益显著。将杏鲍菇菌渣用于双孢蘑菇菌种的生产，可提高产品质量，节约成本。

（4）菌渣作燃料。将出菇后的食用菌废弃物晒干保藏，用作菌种培养基和培养料的灭菌燃料，这已在生产中得到广泛应用。但随着代料栽培模式的不断推广，越来越多的栽培基质采用聚丙烯塑料袋作为容器，塑料袋燃烧伴有浓烟，可能产生强烈刺激性气体，甚至剧毒致癌物，造成大气环境的污染。近年来开发的剥袋机，解决了脱袋困难和菌袋回收利用的问题。另外，利用生物质气化炉能提高热值和气化效率。

（5）利用菌渣发展沼气。河南西峡县是食用菌生产大县，也是沼气试点县，目前已发展沼气5000户，每年有5000 t菌渣作为沼料使用。菌渣也可以作为禽畜养殖垫料，禽畜粪污被菌渣垫料中微生物分解，使禽畜舍无臭味，垫料发酵后投入沼气池。以平菇6号渣作为发酵原料，以稻草为对照，采用厌氧技术研究了菌渣作原料进行沼气发酵的细菌组成、数量分布及其与产气的关系，结果表明菌渣产气效果优于稻草。

（6）环境治理方面作为生态环境修复材料。菌渣中含有大量的漆酶、多酚氧化酶以及过氧化物酶等多种降解酶类，这类酶不仅可以降解木质素，还能有效地降解萘、菲、吡等多环芳烃类的化合物。将菌渣作为接种剂用于环境污染修复领域的研究报道越来越多。据研究发现，菌渣堆肥中含有木质素降解酶，在室温条件下用1%的菌渣处理100 mg多环芳烃（PAH），其中，对萘的生物降解达82% ±4%，对菲的生物降解为59% ±3%；添加5%的菌渣堆肥材料加入PAH污染土壤中，在80 ℃下培养2 d后发现，土壤中PAH显著下降。据研究，菌渣堆肥对废水中五氯苯酚（PCP）具有生物降解作用。将5%菌渣堆肥材料投入含2 mg/L ~

100 mg/L PCP 的废水中，室温下培养 2 d，离心过滤后发现，PCP 去除率达 88.9%，其中 18.8% 属于生物吸附，70.1% 属于生物降解，1 g 菌渣堆肥对 PCP 的去除率最高达 15.5 mg。根据香菇菌渣吸附水体中 Pb^{2+} 的吸附机理与性能研究结果，废料中羧基、磷酰基、酚基是引起吸附的主要官能团，吸附速度较快，30 min ~ 50 min可以达到平衡；pH 为 4.09 ~ 6.00 时，有较高的吸附效率。

93. 菌渣再次作为食用菌栽培原料有什么要求？

近年来，随着杏鲍菇、金针菇、真姬菇的工厂化生产，菌渣规模不断扩大，以菌渣为主要原料再次栽培平菇、草菇、鸡腿菇、双孢蘑菇等技术逐步普及。有机食用菌生产过程中产生的菌渣再次用于常规食用菌栽培，则无须特别要求，只要菌渣没有霉变，没有腐烂即可。然而，常规生产的菌渣再次作为有机食用菌栽培原料，则不妥。主要原因是常规食用菌栽培没有按照有机食用菌管理标准进行监控，原料属性（天然材料或有机生产的）、原料来源、添加物等投入品、病虫害防控措施等均不明确，因此，常规生产的菌渣不能作为有机食用菌栽培原料。

94. 菌渣栽培常规食用菌方法有哪些？

（1）杏鲍菇菌渣栽培草菇。杏鲍菇菌渣粉碎，堆制好后立即淋水，每天 2 次 ~3 次，一般淋 2 d，可看到水从四周流出，菌渣吃透水，含水率控制在 68% ~70%。不具备二次发酵槽的生产单位，菌渣预湿 2 d 后，堆放一夜后直接移进菇房上架，上架之前检查料温，超过 40 ℃时，再次淋水降料温，等水从料堆的四周全部排出后，撒上石灰和碳酸钙，搅拌均匀即可上架。具备二次发酵槽的生产单位，杏鲍菇菌渣堆制、喷淋水后，充分拌料，菌渣吃透水，含水率达到 68% ~70%，然后进行二次发酵。二次发酵后移进菇房（菇棚），将料铺放在菇床上。每平方米铺料 25 kg ~30 kg（按风干料重计算）。当料温降到 35 ℃时即可进行播种，趁热播种可加快发菌速度。播种前如果料面偏干可喷一次 pH 为 8~9 的石灰水澄清液。

播种后发菌阶段料温控制在 30 ℃~35 ℃，如果料温在 36 ℃ 以上，需打开门窗通风降温，保证草菇菌丝处于发菌优势。正常情况下，播种后 6 d，菌丝就可长满整个培养料。正常情况下，播种后 8 d 喷出菇水，喷后需要进行一次大通风换气，这样有利于菌丝扭结形成菇蕾，并使出菇整齐。待原基形成后加强通风换气，但通风时不要让强风直接吹向床面菇蕾。原基长至纽扣大小时采用雾化喷头对料面和空间喷水，提高空间湿度。

一般播种后 13 d，草菇长至蛋形期时可采收、加工。第 1 潮菇采收结束，要将残留在菇床上的菇头清除干净，然后喷水、通风。按第 1 潮菇的管理方法进行后期出菇管理，直至出菇结束。

（2）金针菇菌渣栽培鸡腿菇。山东省农科院用金针菇菌渣发酵料栽培鸡腿菇，产量高于常规配方（常规原料酒糟、棉籽壳），且成本低，发菌质量高，速度快，基本无杂菌和病害发生，出菇早，子实体单菇重，生命力强，品质好。生物转化率可达 121%。配方为：金针菇菌渣 64%、粉碎好的玉米芯 25%、麸皮 5%，熟石膏粉 1%，过磷酸钙 1.5%，生石灰 3.5%。

菌渣和玉米芯按比例配好后，加水拌匀，堆成宽 1.5 m，高 1 m 的料堆，覆盖塑料薄膜保温发酵，发酵时间 10 d~13 d（根据天气而定），间隔 3 d~4 d 翻堆一次。将发酵后的原材料按比例加入麸皮等其他辅料。用拌料机充分拌匀后进行装料。

装袋后，将料袋移进灭菌锅进行灭菌处理。灭菌结束后，冷却至 30 ℃ 以下进行接种。接种后码放在床架上或地面，气温高时码放层数少，气温低时可放置 6 层以上。温度控制在 20 ℃~25 ℃。接种约 30 多天，菌丝长满整个菌袋，即可进行出菇管理，出菇管理过程按常规方法进行。

（3）杏鲍菇菌渣栽培双孢蘑菇。杏鲍菇菌渣栽培双孢蘑菇可采用以下配方：菌渣74.5%，牛粪24.5%，石灰粉0.5%，碳酸钙0.5%。

杏鲍菇出菇后脱去塑料袋，塑料袋回收。菌渣粉碎后晒干（含水量低于15%），干燥越快越好，堆放于通风处保存，不可受雨淋和水浸。如果季节合适也可将采菇后的杏鲍菇菌渣经脱袋粉碎后立即使用。

生产前，将粉碎好的杏鲍菇菌渣堆制，堆高、长、宽根据场地情况而定。堆好后立即淋水，每天2次~3次，一般淋2 d，可看到水从四周流出，菌渣吃透水，含水量控制在68% ~70%。干牛粪提前1 d~2 d预湿，含水量控制在68% ~70%。

将预湿后的牛粪与杏鲍菇菌渣堆放在一起，1 d~2 d后即可翻堆，翻堆前将辅料一次性加到主料中，充分拌匀，含水量控制在70%左右。建堆高度控制在1.2 m~1.5 m，堆制时间13 d~15 d，翻堆3次~4次，翻堆时使用自走式翻料机减轻劳动强度。

具备发酵槽的生产单位，将拌料的料输送到一次发酵槽，调节风机的开、关时间和通气量，温度达70 ℃左右，维持3 d，当料温开始下降时用抛料机倒仓，一次发酵时间12 d，期间倒仓2次。二次发酵、发菌管理及出菇管理技术同第五章。

（4）白灵菇菌渣栽培平菇。白灵菇出菇后脱去塑料袋，回收塑料袋。菌渣粉碎后晒干（含水量低于15%），干燥越快越好，堆放于通风处保存，不可受雨淋和水浸。栽培时可选择以下配方：白灵菇菌渣30%，棉籽壳30%，玉米芯35%，麦麸5%，石膏粉1%，加石灰粉2%。白灵菇菌渣、棉籽壳、玉米芯按比例配好后，堆放在一起进行发酵，搅拌混匀，加水调节含水量至68% ~70%，pH 7.0~8.0。然后建堆，堆宽1.5 m~2.0 m，高0.8 m~1.0 m，长度不限，每隔30 cm在料面用木棍从上到下打一通气孔，孔直径 5 cm。当堆温达 60 ℃以上时，保持 12 h 后翻堆，并补足水分，共翻 3 次，发酵周期 5 d～7 d。最后一次翻堆可将麦皮、石膏粉加入，加石灰调整 pH 值。

发酵后直接装袋和接种，边装袋边放菌种，一般 2 层料 3 层菌种。发菌和出菇管理同第五章。

（5）香菇、银耳等菌渣栽培滑子菇。在福建南屏，很多食用菌生产者用香菇、银耳、茶树菇等菌渣栽培滑子菇，效益显著。常用的配方有以下几种：

配方一：菌渣 55%，五节芒或其他野草粉 30%，麦麸 13%，碳酸钙 1%，石膏粉 1%。

配方二：菌渣 55%，棉籽壳 30%，麦麸 13%，碳酸钙 1%，石膏粉 1%。

配方三：菌渣 55%，稻草粉 30%，麦麸 10%，玉米粉 3%，碳酸钙 1%，石膏粉 1%。

配方四：菌渣 83%，麦麸 12%，玉米粉 3%，碳酸钙 1%，石膏粉 1%。加石灰粉调节 pH 至 6 左右。

采用 15 cm×56 cm×0.05 cm 的低压聚乙烯菌袋装料。灭菌方法和香菇装袋灭菌方法相同，100 ℃下 16 h。打孔接种，接种时严格进行无菌操作。发菌和出菇管理按常规方式进行。

95. 菌渣作农作物有机肥应该怎样处理？

食用菌菌渣由于有机含量高，且含有氮、磷、钾等营养成分，可以作为农作物优质有机肥使用，如果再加入微生物菌剂，如大豆根瘤菌、生物磷肥、生物钾肥、抗病与刺激作物生长的菌剂等，即可开发微生物复合肥。福建漳州以食用菌菌渣发酵后配合无机肥料，开发出多种功效有机、无机复合肥系列产品。

菌渣有机肥加工工艺流程如下：

（1）菌渣预处理：脱袋、晾晒 24 h。

（2）原料预混：菌渣中添加 5% 的发酵菌剂，经加水、搅拌充分混合，含水量 50%～55%。

（3）建堆发酵：宽度 1.5 m～2.0 m，高度 1.0 m～1.5 m 建堆，原料上堆后在 24 h～48 h 内温度迅速上升，待温度升至 45 ℃ 以上，采用自走式抛翻机第一次翻堆。继续升温至 60 ℃，维持 24 h，进行第二次翻堆。以后每 2 d～3 d 翻一次堆，直至温度不再升高为止。翻堆时务必均匀彻底，以便充分腐熟。发酵中如发现物料过干，应及时在翻堆时喷洒水分，经 8 d～10 d 的发酵达到完全腐熟。腐熟的堆肥堆温下降，物料松散，质地松软，体积缩小，呈深褐色或黑褐色，无异味。

（4）粉碎：采用粉碎机对发酵好的菌渣进行粉碎。

（5）加辅料复配：发酵菌渣 70%，磷酸一铵 5%（粉状，总氮含量 11%，总磷含量 44%），黏合剂 10%，固化剂 5%，干辅料 10%（干辅料含有微量元素和氧化镁、氧化钙等矿物质元素，还能吸附发酵菌渣中的部分水分，降低有机肥的含水量）。将以上原料按照配比进入混合机混匀，准备造粒。

（6）混合造粒：采用平模挤压造粒。

（7）干燥：低温烘干至含水量 20% 左右。

（8）分装。

96. 菌渣作育苗基质怎样处理？

菌渣生产育苗基质的流程：菌渣预处理→原料调配→建堆→接发酵菌剂→高温好氧发酵→腐熟堆制→降盐处理→干燥粉碎过筛→基质材料。

（1）菌渣预处理：根据不同的栽培模式分类处理菌渣，经过覆土栽培的菌渣要清除表层覆土材料，袋（瓶）栽的采用机械或人工脱袋（瓶）。然后将菌渣粉碎至粒径 15 mm 以下，混有的硬结块、金属物、塑料膜及布线条等杂物要清除干净。牛粪或鸡粪等辅料粉碎至粒径 15 mm 以下，并剔除石块和杂物等。

（2）食用菌菌渣基质化发酵配方：菌渣（折干）500 kg，牛粪（折干）100 kg 或鸡粪（折干）50 kg，发酵菌剂 2 kg。

（3）建堆发酵：堆底宽 1.5 m ~ 2.0 m，高 0.8 m ~ 1.2 m，长度不限，每隔 30 cm 在料堆上打一通气孔，直径 5 cm。当堆温升到 55 ℃以上时，保持 3 d ~ 4 d 开始翻堆，并适量补充水分。当堆温 50 ℃以下时，料堆表面覆盖薄膜，闷堆 7 d ~ 8 d 后翻堆一次。当堆温稳定在 40 ℃以下，物料呈深褐色或黑褐色，变柔软且有弹性，无异味时，发酵即可结束，摊堆备用。发酵总时间为 35 d ~ 45 d。

（4）发酵菌渣降盐处理：发酵菌渣经过 4 次淋溶后，EC 值基本稳定，说明对发酵菌渣淋溶 4 次即可，EC 值从 4.30 降到 2.28。将发酵后的菌渣配成育苗基质，菌渣：蛭石：珍珠岩 = 6:1:3。4 次淋溶即可达到较好的降盐效果，基质中的 EC 值从 3.43 降到 1.91。

（5）根据山东省农业科学院研究报告，菌渣替代草炭土的比例为：南瓜育苗 60%，黄瓜育苗 40% ~ 60%，茄子育苗 80%，出苗效果与常规育苗基质相当。

97. 有机食用菌生产废水怎样处理？

（1）原料预湿或浸泡处理用水：除原料吸收水分外，排水废水，应有排水系统。厂区内一般建有排水管网系统和蓄水池，预湿处理后废水可循环利用，再次用于预湿处理，从而节约用水，防止环境污染。

（2）培养基制备用水：一般不外排。

（3）发酵用水：根据现场考察可知发酵用水量为 2 m³/d。该部分水的作用为对发酵区原料进行喷淋，以使其具有良好的发酵条件。本部分水随原料进入菌包车间，不外排。

（4）锅炉用水：根据现场调查，项目锅炉为灭菌室提供蒸汽，间歇运行，耗水量约为 6 m³/d。灭菌完毕后，蒸汽放空处理。

（5）车间增湿用水：为了保证培菌室和出菇房的湿度，需定时洒水，用量较小，约为 1 m³/d。直接蒸发损耗。

98. 废弃菌渣怎样进行回收？

（1）工厂化瓶栽模式下的食用菌菌渣，通常使用挖瓶机自动挖出，运输车直接运至堆肥厂或食用菌栽培基地（图43）。塑料菌瓶重复使用，无需进行清洁处理。

（2）食用菌袋栽模式下，可使用脱袋机，将菌渣与塑料袋分离。之后，菌渣集中运至处理场；塑料袋集中收集后送塑料制品厂回收处理（图44）。

图43　工厂化瓶栽菌渣处理

图44　平菇菌渣收集

第十章 有机食用菌标识与销售

99. 什么是中国有机产品认证标志?

中国有机产品认证标志是证明产品在生产、加工和销售过程中符合 GB/T 19630—2019《有机产品 生产、加工、标识与管理体系要求》的规定,并且通过认证机构认证的专用图形,由国家认证认可监督管理委员会(以下简称国家认监委)统一设计发布(图45)。只有通过国家认监委批准的合法认证机构根据 GB/T 19630—2019 认证的有机产品,才可以使用中国有机产品认证标志。

中国有机产品认证标志的主要图案由三部分组成,即外围的圆形、中间的种子图形及其周围的环形线条。其含义:外围的圆形形似地球,象征和谐、安全,圆形中的"中国有机产品"字样为中英文结合方式,既表示中国有机产品与世界同行,也有利于国内外消费者识别;标志中间类似种子的图形代表生命萌芽之际的勃勃生机,象征有机产品是从种子开始的全过程认证,同时提示有机产品就如刚刚萌发的种子,正在中国大地上茁壮成长;种子图形周围圆润自如的线条象征环形的道路,与种子图形合并构成汉字"中",体现出有机产品根植中国,有机之路越走越宽。同时,处于平面的环形又是英文字母"C"的变体,种子形状是字母"O"的变形,种子的形状,意为"China Organic";绿色代表环保、健康和希望,表示有机产品给人类的生态环境带来完美和谐。橘红色代表旺盛的生命力,表示有机产品对可持续发展的作用。

图45 中国有机产品认证标志

100. 什么是认证机构标识?

认证机构标志是认证机构的代表符号,与认证机构名称、英文缩写等一起构成认证机构的标识。不同认证机构有不同的机构标志。截至2021年年底,我国通过国家认监委批准的有机产品认证机构有105家,每家认证机构具有自己的机构标志,图46所示为北京中绿华夏有机产品认证中心(COFCC)、中国质量认证中心(CQC)和南京国环有机产品认证中心(OFDC)的机构标志。认证机构标识仅用于经该机构认证的产品,以证明该项认证活动是由该认证机构实施的。GB/T 19630—2019《有机产品 生产、加工、标识与管理体系要求》和《有机产品认证实施规则》规定,在有机产品或其最小销售包装上加施中国有机产品认证标志、有机码及认证机构名称或其标识。

北京中绿华夏有机产品
认证中心标识

中国质量认证中心标识

南京国环有机产品
认证中心标识

图46 部分有机产品认证机构标识

101. 什么是"有机码"？如何使用和查询？

为保证国家有机产品认证标志的基本防伪与追溯，防止假冒认证标志和获证产品的发生，各认证机构在向获证组织发放认证标志或允许获证组织在产品标签上印制认证标志时，应赋予每枚认证标志一个唯一的编码（有机码），其编码由认证机构代码、认证标志发放年份代码和认证标志发放随机码组成。

（1）认证机构代码（3 位）

认证机构代码由认证机构批准号后 3 位代码形成。内资认证机构为该认证机构批准号的 3 位阿拉伯数字批准流水号；外资认证机构为 9 + 该认证机构批准号的 2 位阿拉伯数字批准流水号。

（2）认证标志发放年份代码（2 位）

采用发放年份的最后 2 位数字，例如 2021 年为 21。

（3）认证标志发放随机码（12 位）

该代码是认证机构发放认证标志数量的 12 位阿拉伯数字随机号码。数字产生的随机规则由各认证机构自行制定。

国家认监委提供"有机码"数据统一的查询方式，为社会公众和监管部门服务。有机码查询方式：登录 http://cx.cnca.cn 进入全国认证认可信息公众服务平台，点击"有机码查询"，在此页面输入"有机码"和"验证码"，即可进行查询。消费者或监管部门可通过查询页面的产品信息，与所购买的商品信息进行对比，来验证和确认所购商品的真实"有机"属性。

认证标志及有机码示例见图 47。

图 47　认证标志及有机码示例

102. 有机食用菌产品包装上应该如何正确标识？

有机产品国家标准明确规定，表示为"有机"的产品就在获证产品的最小销售包装上加施中国有机产品认证标志及其唯一编号、认证机构名称或者其标识。三者缺一不可。也可以使用中国有机产品认证标志与认证机构标志的组合标识（图48）。

图 48　中国有机产品认证标志与中绿华夏认证机构
标志的组合标识使用示例

正确使用主要体现在：

（1）需在包装上印刷中国有机产品认证标志和认证机构标志，按照图48进行印刷，可以按比例放大或者缩小，但不应该变形、变色。印刷的标志应当清楚、明显。生产有机食用菌产品的企业根据实际需要自行选择规定大小。有机产品包装使用中国有机产品认证标志和认证机构标志必须是在认证机构颁发的有机认证所认证产地的产品范围、核准产量之内使用，确保获证产品数量与标志使用相匹配。

（2）根据食用菌产品的特性，采取粘贴或印刷等方式直接加施在产品或者产品的最小销售包装上。原则上，有机食用菌应以预包装食用菌出售，不得以散装食用菌出售，因此所有在市场上销售的有机食用菌必须进行包装并加贴标识。不直接零售的加工原料，可以不加标识。散装或裸装产品，应在销售专区的适当位置展示中国有机产品认证标志和认证证书复印件。

（3）仅能标注为最终产品发放有机产品认证的认证机构名称，而不能把为原料或配方成分进行认证的机构名称标注在最终产品上。

国家认监委发布《关于进一步加强国家有机产品认证标志备案管理系统有关事项的通知》（国认注〔2011〕68号）和《关于国家有机产品认证标志备案管理系统有关事项的通知》要求，各认证机构应当充分利用现代成熟的防伪、追溯和信息化技术，结合同家认监委统一的编码规则要求，认证标志编码前注明"有机码"字样，赋予每枚认证标志唯一编码，同时鼓励认证机构在此基础上进一步采取更为严格的防伪、追溯技术手段，确保发放的每枚认证标志能够从市场溯源到每张对应的认证证书、产品和生产企业，做到信息可追溯、标识可防伪、数量可控制。

103. 对印制在包装、产品宣传册上的中国有机产品认证标志有什么要求？

有机食用菌获证组织除了在获证产品最小销售包装上加施

"有机码"标志（含中国有机产品认证标志、有机码和认证机构名称或标识）外，可以在获证产品标签、说明书及广告宣传等材料上印制中国有机产品认证标志和认证机构标志，但必须做到：

（1）印制的中国有机产品认证标志和认证机构标志应当清楚、明显；

（2）不得更改中国有机产品认证标志和认证机构标志原有设计的图形和颜色，不得改变形状、图案和颜色；

（3）中国有机产品认证标志和认证机构标志可以按照比例放大或者缩小；

（4）认证机构标志的相关图案或者文字大小不得大于中国有机产品认证标志。

104. 如何向有机认证机构申请防伪标志？

获证企业应严格按照 GB/T 19630—2019 要求，与获证机构所签的《有机产品认证证书和标志使用许可合同》的要求，向认证机构提出《有机认证产品防伪追溯标识订单》申请，对防伪追溯标志的使用、损耗、流向等进行记录和追踪，建立管理台账。

《有机认证产品防伪追溯标识订单》（表44）中"产品名称"和"产品描述"必须与获证证书中"产品名称"和"产品描述"保持一致。"实际包装规格"指需要加施防伪标志产品的最小实际销售包装，单位可为克、千克、个等，"重量规格"指实际包装规格折算成以千克为单位的质量，用于系统核算。

《有机产品认证防伪追溯标识订单》中的标签规格包括平装不干胶、卷标不干胶、PVC 防水材质、有机码和防水、耐高温环保塑料扣标志五种类型，其中平装不干胶标志用于人工贴标操作，卷标不干胶标志用于机器自动贴标操作，PVC 防水材质可用于冷冻产品，防水、耐高温环保塑料扣用于畜禽活体。有机码适用于大规模流水线生产。

获证企业在收到防伪标志后，尽快将防伪标志样标加贴在所需要加施认证防伪标志产品的最小销售包装样本上，并把样本照片（注册商品名称）发送至获证机构以备案。

获证企业收到标志后，应严格按照认证机构分配的身份码加施到相应的产品、商品及包装规格上，从而避免出现和标志查询系统不一致的情形。

表44　有机认证产品防伪追溯标识订单

订单编号			企业名称									
发货地址								邮编				
联系人					联系电话							
订购总价												
标签编号	证书编号	产品名称	产品描述	实际包装规格	重量规格（千克）	标签规格	单价（元）	订购数量（枚）	总价（元）	起始身份码	结束身份码

105. 什么是有机产品销售证？它在有机食用菌销售中起什么作用？

GB/T 19630—2019 要求有机产品销售商除了应向供应方索取有机产品认证证书外，还应索取有机产品销售证。有机产品销售证是从事有机产品生产供货单位与有机产品销售单位之间因发生交易而需要到认证机构开具的一种交易证明。销售证是由认证机构颁发的文件，声明特定批次或者交付的货物来自获得有机认证的生产单元。在销售证书上明确标示了允许销售的有机产品的产品名称、数量、合同号、发票号、批次号及交易期限，认证机构可以根据历次销售证开具的数量总和与认证证书上的认证量进行对照，如果销售总量超过了颁证量，就会拒绝颁发新的销售证，从而将产品销售量控制在颁证数量范围内。实施销售证制度除了可以保护消费者的利益外，实际上还可以起到保护获证组织利益的作用，因为假冒的产品是不可能得到认证机构出具的销售证书的。而没有销售证书，按照规定，销售商就不能将该产品作为有机产品销售，从而这一措施既起到了保护消费者的作用，也起到了保护获证组织的作用。

106. 在什么情况下需要办理有机产品销售证？如何办理？

《有机产品认证实施规则》中规定，销售证是获证产品所有人提供给买方的交易证明。认证机构应制定销售证的申请和办理程序，在获证组织销售获证产品过程中（前）向认证机构申请销售证，以保证有机产品销售过程数量可控、可追溯。对于使用了"有机码"标志的产品，认证机构可不颁发销售证。

认证机构应对获证组织与购买方签订的供货协议的认证产品范围和数量、发票、发货凭证（适用时）等进行审核。对符合要求的，颁发有机产品销售证；对不符合要求的，应监督其整改，否则不能颁发销售证。

销售证由获证组织交给购买方。获证组织应保存已颁发的销售证的复印件，以备认证机构审核。

获证组织在向认证机构申请有机产品销售证时，需办理相关手续。

（1）提交《销售证申请书》，在该申请书中需要填写购买单位的基本信息、交易商品的协议号、发票号、名称、等级、规格、数量、产品批号、包装方式、交易时间等，并且对该申请书中所填写内容的真实性作出承诺。

（2）提供相关附件材料：①双方的供货协议；②销售发票、发货凭证（适用时）；③其他必要的相关资料。

（3）向认证机构缴纳办理有机产品销售证的手续费用。

107. 有机食用菌采购和销售应注意什么问题？

销售人员和采购人员作为最终有机食用菌与消费者衔接的纽带，在采购、销售有机食用菌产品时应注意：

（1）了解有机农业知识，准确掌握有机食品的概念和所销售产品的特点，能够向消费者客观、真实、准确地宣传有机食用菌的相关知识；

（2）了解国家相关的法律法规，遵守企业规定的各项规章制度，责任心强；

（3）持有有效的健康证，服装整齐，举止文雅，礼貌待客，保持销售场所和周围环境的清洁卫生；

（4）及时、准确、详细地做好有机食用菌的验收、入库、出库、出售、标志和市场抽查各环节的记录，以及可跟踪的生产批号系统；

（5）定期检查产品质量，若发现变质、异味、过期等不符合标准的有机食用菌要立即停止销售，必要时进行产品召回；

（6）认真对待消费者的意见和投诉，及时向主管领导汇报，友好协商解决问题；

（7）认真接受和积极配合市场监管部门的监督检查，及时向认证机构提供信息。

108. 如何在销售过程中避免有机食用菌与常规食用菌混淆？

相对常规食用菌来说，目前我国有机食用菌开发和认证的品种、数量还不是很多，因此市场上全部经营销售有机食用菌产品的专卖店或专柜很少，绝大多数食用菌销售店都是既销售常规食用菌，又销售有机食用菌。在此情况下，销售店在经营过程中必须采取措施，严格避免有机食用菌与常规食用菌发生混淆，损害消费者利益。

（1）有机食用菌必须以包装食用菌出售，不得以散装食用菌出售，绝对禁止与常规食用菌产品拼合后作为有机食用菌销售。

（2）所有有机食用菌最小销售包装上都应粘贴可供查询的"有机码"标志。

（3）设置有机食用菌销售专区或陈列专柜，所销售的有机食用菌样品应集中放在此专柜销售，并在显著位置摆放有机产品认证证书（复印件）和有机产品销售证。

（4）配备有机食用菌专用仓库，有机食用菌与常规食用菌应分开储藏，如果确实无法分开，需要在同一个区域内储藏时，则必须在此区域内设立有机食用菌储藏专区，采用划线、定址堆放或物理隔离的方法，并用显著的标识加以区分。

（5）单独建账，建立有机食用菌独立可查的验收、入库、出库、出售、市场抽检各环节的记录。

（6）加强销售人员的教育培训，提高销售人员的素质和对有机食用菌的认识。

109. 有机食用菌包装材料有什么要求？

有机食用菌包装材料的内包装应符合 GB 4806.6《食品安全国家标准　食品接触用塑料树脂》的要求。

获得认证的有机食用菌产品应进行包装，包装应当符合农产品储藏、运输、销售及保障安全的要求，便于拆卸和搬运。

包装农产品的材料和使用的保鲜剂、防腐剂、添加剂等物质必须符合国家强制性技术规范要求。包装农产品应当防止机械损伤和二次污染。

110. 有机食用菌运输有什么要求？

（1）根据有机食用菌种类要求，在适宜温度下储存，并符合

GB/T 24616—2019《冷藏、冷冻食品物流包装、标志、运输和储存》的要求。不应与有毒、有害物品或有异味的物品混合储存。

（2）冷藏车箱内温度宜根据种类不同要求进行调节。

（3）运输过程中应保持干燥、防压、防晒、防雨、防尘等措施，不应与有毒、有害物品或有异味的物品混装运输。

第十一章　有机食用菌质量管理体系

111. 为什么要建立有机食用菌质量管理体系？

为保证有机产品的完整性，按照 GB/T 19630—2019《有机产品　生产、加工、标识与管理体系要求》规定，有机产品生产、加工、经营者在整个生产、加工、经营过程中必须建立质量管理体系，并进行有效实施和维护。建立有机食用菌质量管理体系的思路包括：

（1）有机食用菌生产、加工、经营者的最高管理层制定有机管理体系质量方针、确定质量目标。如：为了实现有机生产的目标，有机食用菌质量方针：以食用菌科学技术为依托，通过系统管理和持续改进，确保有机食用菌产品质量，确保顾客满意。有机食用菌质量目标：①产品 100% 符合有机标准的各项要求；②顾客零投诉。

（2）有机管理组织机构的策划。建立与有机管理体系有关的管理层及各职能部门和有关人员的职责、权限的规定，确保建立的有机管理体系所需的过程和程序得到实施和保持。如：总经理，有机管理组长，事务部，生产部，加工车间，销售部，运输、储藏和包装部。

（3）制定《有机食用菌生产、加工、经营管理手册》《有机食用菌生产、加工、经营操作规程》等文件。有机食用菌生产、加工、经营活动所涉及的人员能够获得与其职责相应的文件。

（4）质量管理体系的监督执行。

112. 有机食用菌质量管理体系有哪些内容？

有机食用菌生产者建立的管理体系文件，应包括以下内容：

（1）有机食用菌生产单元或加工、经营等场所的位置图；

（2）有机食用菌生产、加工、经营的管理手册；

（3）有机食用菌生产、加工、经营的操作规程；

（4）有机食用菌生产、加工、经营的系统记录。

GB/T 19630—2019 中对管理体系各部分的具体要求都有严格的规定，尤其是系统记录，强调从源头输入至末端输出，包含生产、加工、经营、储藏、运输全过程的完整、全面、清晰、准确的记录。对于有机食用菌生产的指导规范性文件，要求各岗位所使用的文件应该是统一的，并且是最新的、有效的。为此应对文件实施有效的管理，应做到以下几点：

（1）在文件发布前进行审批，以确保其适宜性；

（2）对文件进行必要的复审和修订，并重新审批；

（3）确保对文件的修改和修订状态作出标识；

（4）确保适用文件的有关版本发放到需要它的岗位；

（5）确保文件字迹清晰、标识明确；

（6）确保对规划（策划）和实施所需的外部文件作出标识，并对其发放予以控制；

（7）防止对过期文件的误用，如果出于某种目的将其保留，要作出适当的标识。

113. 有机食用菌生产单元或加工、经营等场所位置图应标明哪些内容？

根据 GB/T 19630—2019 中规定，有机食用菌生产应按比例绘制生产单元或加工、经营等场所的位置图，并标明但不限于以下内容：

（1）种植区域的地块分布，野生采集区域、栽培区、原料处理区的分布，加工区和经营区的分布；

（2）河流、水井和其他水源情况；

（3）相邻土地及边界土地的利用情况；

（4）畜禽检疫隔离区域；

（5）加工、包装车间、仓库及相关设备的分布；

（6）生产单元内能够表明该单元特征的主要标示物。

114. 《有机食用菌生产、加工、经营管理手册》主要包括哪些内容？

有机食用菌生产、加工及经营管理者应编制《有机食用菌生产、加工、经营管理手册》，管理手册是证实或描述文件化有机食用菌管理体系的主要文件的一种形式，阐明企业的有机方针和目标的文件，是企业内部纲领性文件，是指导企业做好有机食用菌产品的内部规定。对于企业员工来说，该手册法规性文件，应严格遵守。企业应编制和保存《有机食用菌生产、加工、经营管理手册》，该手册应包括但不限于以下内容：

（1）有机食用菌生产、加工、经营者简介；

（2）有机食用菌生产、加工、经营的管理方针和目标；

（3）管理组织机构图及其相关岗位的责任和权限；

（4）有机标识的管理；

（5）可追溯体系与产品召回；

（6）内部检查；

（7）文件和记录管理；

（8）客户投诉的处理；

（9）持续改进体系。

115. 《有机食用菌生产、加工、经营操作规程》主要包括哪些内容?

《有机食用菌生产、加工、经营操作规程》是有机食用菌生产企业针对食用菌生产关键环节而制定的,用于指导和规范有机食用菌生产、加工和销售过程中关键环节具体的技术操作程序和操作方法,是确保企业在食用菌生产、加工和销售过程中符合有机生产操作和有机标准的管理性文件,企业应制定并实施《有机食用菌生产、加工、经营操作规程》,该操作规程至少应包括以下内容:

(1) 有机食用菌栽培技术规程;

(2) 防止有机食用菌生产、加工和经营过程中受禁用物质污染所采取的预防措施;

(3) 防止有机食用菌与非有机食用菌混杂所采取的措施;

(4) 有机食用菌收获规程及收获后运输、加工、储藏等各道工序的操作规程;

(5) 运输工具、机械设备及仓储设施的维护、清洁规程;

(6) 加工厂卫生管理与有害生物控制规程;

(7) 标签及生产批号的管理规程;

(8) 员工福利和劳动保护规程。

116. 有机食用菌生产、加工、经营者应记录哪些内容?

有机食用菌生产企业都应建立并保持完善的记录体系,它是有机食用菌生产、加工、经营活动全过程的主要有效证据,是有机食用菌可追溯性的基础。有机食用菌操作记录应是全过程的记录,主要包括但不限于以下内容:

(1) 有机食用菌生产单元的历史记录及使用禁用物质的时间和使用量;

(2) 一级菌种、二级菌种、三级菌种或液体菌种的品种、来源、接种数量、接种时间、使用数量等信息；

（3）原料来源、质量及数量，培养基配方；

（4）菌包（棒）制作数量、含水量、灭菌时间、接种时间等信息；

（5）接种时间，发菌环境条件（温度、湿度、二氧化碳浓度、光照），菌丝萌发及生长状况，菌丝生长势；

（6）菌包进行出菇管理的时间和环境条件；

（7）病、虫害控制物质的名称、成分、使用原因、使用数量和使用时间等；

（8）所有生产投入品的台账记录（来源、购买数量、使用去向与数量、库存数量等）购买单据；

（9）有机食用菌收获记录，包括品种、数量、收获日期、收获方式、生产批号等；

（10）加工记录，包括原料购买、入库时间、加工过程、包装、标识、储藏、出库、运输记录等；

（11）有害生物防治记录和加工、储存、运输设施清洁记录；

（12）销售记录及有机标识的使用管理记录；

（13）培训记录；

（14）内部检查记录。

117. 对有机食用菌生产记录及其保存期限有什么要求？

有机食用菌企业对于有机食用菌生产、加工、经营的记录应清晰准确，并对记录实施有效的管理；记录应具备对有机食用菌生产相关活动、产品的可追溯性；同时记录要有专人负责保存和管理，便于查阅，避免损坏或遗失，同时对记录的标识、存放、保护、检索、留存和处置要作出明确的规定。GB/T 19630—2019《有机产品　生产、加工、标识与管理体系要求》中明确规定，记录至少保存 5 年。

118. 有机食用菌生产、加工、经营管理者需要具备什么条件？

为确保有机食用菌生产、加工、经营活动能够按照相关法律法规和标准顺利进行，有机食用菌企业应具备与有机食用菌生产、加工、经营规模和技术相适应的物质条件和人力资源。对于有机食用菌生产、加工、经营活动负责的管理者，可以是一名或多名人员，但必须是该有机食用菌企业的主要负责人之一，如生产经理或分管生产的副总经理等。对管理者的具体要求是：

（1）了解关于农产品生产、食用菌加工、经营管理及其他国家及行业内的相关法律法规；

（2）了解与有机食用菌生产、加工、经营有关的 GB/T 19630—2019《有机产品 生产、加工、标识与管理体系要求》中条款的要求；

（3）具备农业和食用菌生产、加工及经营的技术知识或经验；

（4）熟悉本企业的有机食用菌生产、加工、经营管理体系及相关过程。管理者不能仅仅是名义上的有机活动管理者，必须熟悉本企业所进行的有机活动的管理体系和全过程。

119. 什么是内部检查员？内部检查员需要具备什么条件？

根据有机产品国家标准的要求，有机食用菌生产企业应建立内部检查制度，配备内部检查员。内部检查员是在有机食用菌生产活动的过程中，通过实施内部检查的方式，验证生产活动是否符合有机产品标准的人员。内部检查员应具备以下条件：

（1）了解国家关于农业和食用菌有关的法律法规及标准的相关要求；

（2）必须经过专门的培训，掌握 GB/T 19630—2019《有机产品 生产、加工、标识与管理体系要求》《有机产品认证管理办法》和《有机产品认证实施规则》的规定和要求；

（3）具备食用菌生产、加工及经营管理方面的技术知识或经验；

（4）熟悉本企业的有机食用菌生产、加工、经营管理体系及全过程；

（5）担任内部检查员的人员不应是有机活动的直接管理者和生产者，在实施内部检查时应确保独立性与公正性。

120. 有机生产内部检查员的职责是什么？如何开展内部检查工作？

有机食用菌企业建立内部检查制度，以定期验证企业所进行的有机活动管理和有机生产、加工及经营等活动本身是否符合国家相关法律法规和标准对有机食用菌生产的要求。内部检查由内部检查员实施，内部检查员应具备相应的资质，并相对独立于被检查方。内部检查员的职责是：

（1）实施内部检查工作。内部检查员应按照内部检查制度的规定，根据 GB/T 19630—2019《有机产品　生产、加工、标识与管理体系要求》对企业的生产、加工及经营的实施过程进行检查。内部检查要形成内部检查记录，以备企业自查或认证机构检查。

（2）对本企业管理体系进行监控，对其中不能持续满足有机标准的部分提出修改意见。

（3）配合认证机构的检查和认证工作，在认证检查时作为陪同人员，提供认证检查所需的文件资料、工具、设备等，并作为检查发现的见证人。

内部检查应是一个系统化、文件化并客观地获取证据并进行评价的验证过程。内部检查员根据企业的内部检查制度，制定内部检查方案，依据固定的检查程序和方法，按固定的时间间隔，有计划地实施。内部检查应确保客观、公开。

121. 为什么要建立有机食用菌追溯体系和产品召回制度？

有机产品国家标准要求，从事有机生产、加工及经营的企业必须建立可追溯体系，这一体系的建立是为了对生产过程和产品流向进行实时控制，以便在出现问题时能够及时找到原因。有机食用菌追溯体系是一套完整的可追溯保障机制，由一整套记录所组成。当有机食用菌生产、运输、加工、储存、包装和销售等其中一环节出现问题时，依照追踪体系的相关记录进行追溯，可找到问题产生点的过程。为保证有机生产的完整性和可追溯性，有机食用菌生产、加工者应建立完善的追踪体系，另外，有机食用菌的质量审定和认证不仅是对终产品进行的检测，更重要的是检查有机食用菌在生产、加工、储藏、运输和销售过程中是否可能受到污染，是从土地到餐桌的全过程控制。有机食用菌追溯体系及其可追溯性（有效性）是有机食用菌生产、加工过程中的重要组成部分，完善的追溯体系既可以帮助有机食用菌生产者在产品出现问题时将损失降到最低，也可以证明该企业有机食用菌生产活动过程的标准符合性，方便认证机构的检查和采信。

随着社会各界对农产品食品质量安全问题关注度的提高，有机产品国家标准要求有机生产企业必须建立和保持有效的产品召回制度，有机食用菌生产自然也不例外。进行产品召回，必须建立在已有的行之有效的可追溯体系的基础上。有机产品国家标准要求企业必须建立文件化的产品召回制度，规定何种条件下的产品必须进行召回，采取何种方法进行召回、如何处理召回产品以及原因分析、纠正措施等内容，并且进行召回演练。企业必须对召回、通知、补救、原因分析及处理过程进行记录，并保留记录。

122. 如何建立完善的追溯体系？

建立一个完善的有机食用菌追溯体系，需要保存能追溯实际食用菌生产全过程的详细记录（如地块图、生产过程记录、加工记录、仓储记录、出入库记录、运输记录、销售记录、有机标志使用记录等）以及可跟踪的生产批次、批号。至少包括：

（1）地块图。实施有机食用菌生产的地块的大小、方位、边界、缓冲区和隔离带，相邻土地及边界土地的利用情况，周边的水源（河流、水井等）状况，同时需注明食用菌园地块特征的主要标示物。

（2）农事活动记录。记录有机食用菌生产活动，包括栽培管理记录〔食用菌基地栽培历史、栽培品种、基质配制、灭菌、接种、发菌、（覆土）、出菇管理、采收〕，病、虫、草、鼠害防控管理记录等。

（3）加工记录。记录从鲜菇进厂验收，经历各个加工工序，直到产品验收入库的详细情况。

（4）运输和销售以及有机产品标志使用记录，包括出货单、销售发票、运输单证等，显示销售日期、食用菌等级、批次、数量，加贴有机标志数量和购买者等信息。

相关记录可参见表45～表48。有机食用菌企业可以根据自身有机食用菌活动的实际情况，建立适合本企业具体情况的记录系统，完善有机食用菌栽培、加工、储藏、运输、包装和销售记录。

表45 农业投入品出、入库记录表

入库						出库			库存数量
入库日期	投入品名称	数量	规格	生产企业	经销商	出库日期	数量	领用人	

表46 食用菌生产过程记录表

基地名称			地点		
负责人			菇种		

生产过程记录

配方						

栽培基质制备	日期	生产量	作业方式		是否投入化学品或添加剂，用量	记录人
			□手工　□机械			
	原料品种	数量	来源			

发菌管理	日期	环境状况			有无杂菌 √/×	有无虫害 √/×	病虫害处理措施	记录人
		温度	湿度	CO_2浓度				

出菇管理	日期	环境状况			有无杂菌 √/×	有无虫害 √/×	病虫害处理措施	记录人
		温度	湿度	CO_2浓度				

采收	日期	采收前		采后处理			记录人
		是否喷水 √/×	是否喷药 √/×	是否浸泡	是否分级	是否装箱	

病、虫、草、鼠害防治	日期	防治对象	投入药品	使用量	使用浓度	使用方式	记录人

表47　食用菌采收记录表

日期	采收方式	数量	采收人	数量	存放库区

表48　食用菌产品销售记录表

日期	购货单位	品名规格	包装规格	数量	标志使用	批次号	发票号	负责人

123. 如何建立和保持有机食用菌有效的产品召回制度?

（1）召回通知。当有机食用菌产品出厂后由经销商或顾客投诉该批或该类产品为不安全产品时，在第一时间内通知相关部门，并填写《客户投诉及处理记录》，相关部门接到通知后，立即组织对该批留样产品进行分析及评估，并填写《不合格品处置单》，必要时向客户索取投诉产品小样，确需召回时，由销售部门实施召回。

当相关部门从留样观察中发现已发货的某批保质期内的有机食用菌存在污染隐患或变质时，及时通知销售部，并同时填写《不合格品处置单》传给销售部，销售部实施主动召回。

（2）实施召回。经确认需召回时，由销售部第一时间通知客户或消费者召回主要信息，并将详细内容填写到《召回通知》中并发给客户或消费者。《召回通知》包括产品批次、产品名称、规格、数量、联系人、联系电话、召回日期等。

（3）召回产品的处理。①召回的产品由销售部安排运输至仓库，仓库保管员对召回产品做明显标识并隔离存放。②相关部门应详细记录召回产品的批次、数量、原因和结果。③相关部门向责任部门发出《纠正和预防措施处理单》，要求有关部门采取纠正措施。

124. 如何正确处理客户投诉？

有机食用菌企业应建立和保持有效的处理客户投诉的程序，并保留投诉处理全过程的记录，其中包括投诉的接受、登记、确认、调查、跟踪、反馈等。

（1）投诉接受。企业接到客户投诉之后，以书面形式向投诉处理部门呈交，由办公室与顾客取得联系，文明接待、认真询问，并做好投诉记录。由投诉处理部门会同相关部门进行投诉内容的取证、原因分析，对重大质量安全问题的申诉或投诉要报告企业最高管理者，由最高管理者召集有关人员对申诉或投诉质量问题的原因进行分析。

（2）原因分析。对投诉内容要进行证实性分析，凡得到确认的要进行原因分析，凡涉及有机食用菌质量安全问题的，要做取样、留样、化验、查档案、追溯等工作，寻找原因，凡属服务态度及其他非质量问题的可进行特殊的个别处理。

（3）投诉处理。投诉意见经分析属非真实性的，由投诉处理部门会同相关部门反馈给顾客并耐心解释，直到顾客确认为止。如果确属企业责任的，要向顾客进行精神上或物质上的赔偿。双方不能解决的要求由第三方或司法部门进行仲裁解决。另外，对于客户投诉内容的原因要责令责任相关部门立即整改，防止以后再出现类似问题。

125. 如何持续改进有机食用菌生产、加工、经营管理体系的有效性？

有机食用菌企业应通过各种方式对管理体系的有效性进行持续改进，促进有机生产、加工和经营的健康发展，以消除不符合或潜在不符合的因素，持续改进的方式主要是通过利用预防措施和纠正措施，但不仅限于此，对比质量方针、质量目标的落实情况，生产数据的分析，内部检查和认证机构审核结果，以及管理评审等都可以成为企业对自身管理体系进行持续改进的工具。持续改进可分为日常的渐进式改进和重大突破式改进。

（1）不符合的纠正及其纠正措施

对客户投诉、认证检查、内部检查等所发现的不符合项及产品，由有机食用菌生产、加工管理者召集人员，分析产生不符合产生的原因及风险程度，提出纠正措施，制定实施方案并落实纠正措施。具体程序如下：

①有效地处理顾客的意见、产品不合格报告、认证检查员报告及内部检查报告等；

②按《质量记录控制程序和管理》调查不符合项及产品存在问题的原因；

③确定消除不符合项所需的纠正措施；

④严格实施过程控制，以确保纠正措施的执行及其有效性；

⑤内部检查员对不符合项纠正措施实施情况进行实地检查并验证。

（2）预防措施

①利用适当的信息来源，如影响产品质量的过程和作业、审核结果、服务报告和顾客意见及专家咨询等，以发现、分析并消除不符合的潜在原因；

②提出需要预防的措施及所要落实的职能部门；

③采取预防措施并实施控制，以确保有效性；

④内部检查员对预防措施的实施情况进行实地检查验证。

必要时对涉及的文件按照文件控制程序进行修订。

参考文献

［1］卯晓岚．中国大型真菌［M］．郑州：河南科技出版社，2002：10-13.

［2］戴玉成，庄剑云．中国菌物已知种数［J］．菌物学报，2010，29（5）：625-628.

［3］何嘉，张陶，李正跃，等．我国食用菌害虫研究现状［J］．中国食用菌，2005，24（1）：21-24.

［4］杨怀文，杨秀芬，张金霞．栽培食用菌害虫生物防治技术研究与应用［J］．中国生物防治，2010，26（1）：1-6.

［5］温志强，边广，刘新锐，等．粘虫色板防治菇蚊菇蝇的研究［J］．中国农学通报，2011，27（01）：239-243.

［6］崔宝凯，潘新华，潘峰，等．中国灵芝属真菌的多样性与资源［J］．菌物学报，2022-11-11［2021-11-17］，https：//kns. cnki. net/kcms/detail/11. 5180. Q. 20221111. 0906. 002. html.

［7］吉清妹，潘孝忠，符传良，等．野生灵芝与栽培灵芝主要成分和功效的比较分析［J］．热带农业科学，2015，35（12）：80-83 +88.

［8］李树红，柴红梅，钟明惠，等．干巴菌病虫害调查及防治研究［J］．中国食用菌，2006，（01）：50-52.

［9］曲绍轩，李辉平，宋金俤，等．云南楚雄和丽江地区野生食用菌害虫抽查与鉴定［J］．食用菌学报，2013，20（04）：61-64.

［10］弓明钦，王凤珍，陈羽，等．保护松茸生态环境促进松茸可持续发展［J］．中国林业科学研究，2000,（05）:562-567.

［11］文艺，邹莉，王君．西藏林芝松茸主要病虫害调查研究［J］．现代农业科技，2016,（18）:90-91＋93.

［12］胡清秀，卫智涛，王洪媛．双孢蘑菇菌渣堆肥及其肥效的研究［J］．农业环境科学学报，2011，30（9）:1902-1909.

［13］Lau KL, Tsang YY, Chiu SW. Use of spent mushroom compost to bioremediate PAH – contaminated samples［J］. Chemosphere, 2003（52）: 1539-1546.

［14］Law WM, Lau WN, LoK L, et al. Removal of biocide pentachlorophenol in water system by the spent mushroom compost of *Pleurotus pulmonarius*［J］. Chemosphere, 2003（52）: 1531-1537.